# 动物生死书

LIVING AND DYING OF THE COMPANION ANIMAL

杜白/著　白茶/绘

西安　北京　上海　广州

版权登记号：25-2016-0037
图书在版编目（CIP）数据

动物生死书 / 杜白著. — 西安：世界图书出版西安有限公司，2016.9
ISBN 978-7-5192-0706-9

Ⅰ.①动… Ⅱ.①杜… Ⅲ.①人生哲学 Ⅳ.①B821

中国版本图书馆CIP数据核字（2016）第143045号



# 动物生死书

著　　者　杜　白
插　　图　白　茶
特约美编　周　军
责任编辑　雷　丹
校　　对　王　冰
出版发行　**世界图书出版西安有限公司**
地　　址　西安市北大街85号
邮　　编　710003
电　　话　029-87233647（市场营销部）
　　　　　029-87235105（总编室）
传　　真　029-87279675
经　　销　全国各地新华书店
印　　刷　陕西天意印务有限责任公司
成品尺寸　170mm×210mm　1/16
印　　张　12
字　　数　140千
版　　次　2016年9月第1版　2016年9月第1次印刷
书　　号　ISBN 978-7-5192-0706-9
定　　价　38.00元

# 目录

## 病



## 死

## 苦

# 写给大陆的读者朋友



8年前，本书在中国台湾初版。原本只是想把动物诊疗方面最缺的一门课补齐，让动物主人在面对动物生离死别的伤痛时，可以在短时间内得以缓解。因为从来没有教科书说到这门课，如何疗伤止痛又是另一门大学问。于是不揣浅陋，下笔铺陈。

哀戚的动物主人，是我们极大的苦恼，本书同时也提供给执业的兽医师同行一剂药方子。

如今，不时也会收到世界各地华人读者的邮件，抒发伤痛与疗愈之余的谢意，颇感欣慰。

谈生死，就必然与宗教信仰联结。

我不断告诉大家，养狗养猫，一定要找一个正信的宗教归属。我们未必经历过它们的生，却必然会经历他们的死。

自汉朝董仲舒独尊儒术之后，中华民族就受儒家礼教的制约，爱面子，喜欢吉祥如意、升官发财、长命百岁，崇尚修身、齐家、治国、平天下，忌讳谈“死”。死这个字总是与诅咒及戏谑关联，幸而佛教东来与儒家相糅合，得以将华夏文明推展到极致。我们称死亡为往生，往新的生命去。生命之我就像个驾驶员，这个肉体如同一部车。我们开的车老旧了，全身响，只是铃不响，于是换部新车，就这么不断地换了一部又一部新车。

“死脑筋”的读书人，会把孔夫子谈的“不知活，焉知死”当成大刀砍过来。论语就是语录，而非他老人家从头到尾一贯的论述。他说此话的时候，因何人？因何地？因何事？未知也。起心动念，必然会引发蝴蝶效应。

小时候，经过丧家，我都屏住气，绕远路快快过去。从丧家带回的毛巾、祭品，我一概不敢碰。



老天爷是个严格的监考官，当我要探索生死课题时，考题就来了，他想看我如何应答。

在家母晚年时，我常常与她浅谈佛法。结果新书发表会的前一刻，81岁高龄的她在农历年前三天患了脑卒中。就此靠着呼吸器，过了整整7年植物人般的日子。隔一年的大年初六，我喂了岳父两碗莲子鸡汤之后不久，他又进了急诊室，两天后就走了。再隔两年，93岁的老父亲，无病无痛的永远睡着了。再过两年，65岁的大哥，突发心肌梗死，离我们而去。又过一年，家母终于离苦得乐。一年后，106岁高龄的外婆驾鹤归西。

上一辈的老人走了，伤痛不深，同一辈的大哥走了，却是惊吓。难道，就该轮到我了吗？

过五关，是我在手术前一定会提醒的，因为外科医生只是上帝的助手，所有的手术都得过五关，而且我都要动物主人与我一起“共赴国难”。动物主人参与了一切过程，也会看见我如何努力地急救。所谓参与就只是从旁祈祷，同时不断给病患加油打气。因为在麻醉状态下，肉体无感，意识还是清醒的。共同努力，就会大大提高成功率。

安乐死，常常会造成很长时间的遗憾，所以我非常严谨。因为，到现在还会接到这种电话——动物主人为许多年前安乐死的抉择而迷惑，这种遗憾，会如鬼魅般一辈子纠缠。

此外，过度地介入天地生态，必然地覆天翻。

纽约、白金汉宫、白宫、大英博物馆，都被鼠患所困扰，原因就是绝育狗猫百年以上，过头了。这个困扰尚未出现在中国大陆，须审慎。在中国台北，常常会有客人来找我，想借猫来除去鼠患。因为台北市的流浪狗大量减少，结果流浪猫多了起来。于是在ＴＮＲ（捕捉、绝育、放回原地）过度施行的情况下，老鼠开始慢慢横行。

老鼠的天敌是狗、猫、蛇与老鹰，它还不怕人咧。

都市里哪来的蛇与老鹰？

因为动物保育法，在果园与许多风景区，中国台湾猕猴横行，“垦丁国家公园”梅花鹿大量繁殖，为了磨头角而伤了树皮，进而使丛林树木不断倒地。

生态间的万事万物，自有其恐怖平衡，不劳人类插手。

此外，许多谋杀案件的凶手，都是其无知的父母所造成的。

婴幼儿跌倒，大人会拍地板、拍桌椅，说地板桌椅使坏，以此来安慰婴幼儿，从此，会让他们觉得都是别人的不对。

婴幼儿想去接触狗猫，大人都会说，它们脏会咬人不要碰。于是他们从最初的内心害怕进而演变为最终通过消灭对方来舒缓恐惧。于是长大后，踢狗猫，进而伤害人。

至于佛教助念仪轨，我将其简化如下：

先念一串(108遍)药师佛心咒，请药师佛偕华陀仙尊下来帮忙，修复灵体，让他们无病无痛地完整如昔。再念一串灭定业真言(地藏王菩萨心咒)，请地藏王菩萨召集他们累世的冤亲债主来听经闻法，暂时不要去打扰往生者，让他们能顺利地离开这臭皮囊。之后再念一串六字大明咒，祝福他们顺利去轮回。前后约一个小时，方便实用，人与动物一体，雨露均沾。

简单的法门，就是最好的法门，一切心诚则灵。

动物医师　杜白

# 视众生如亲



小时候生长在乡下，家家户户都养有牛、猪、鸡、鸭、鹅等动物。猫、狗更是必不可少的家庭分子，因为老鼠猖獗，偷吃谷物、蔬果、食品等，猫可以派上用场；而农家大多是门户大开的，这就仰赖忠心耿耿的狗来看守了，更何况狗还可以捕捉野兔或其他猎物呢。

印象中的猫、狗都被当成人，它们与人吃在一起、玩在一起、工作在一起，根本不被当成什么宠物。我们可以对猫、狗讲话，且经常以肢体语言沟通，“众生都有佛（灵）性”不是佛教的教条，而是三岁小孩都知道的生命智慧。

猫、狗是最善解人意的动物，因此成为人类最好的朋友，可以分享彼此的喜怒哀乐，难怪家有逆子的人都会长叹：“养人不如养狗。”

猫、狗的生老病死和人是休戚与共的，我们会为猫、狗的出生而雀跃不已，把喜事传遍全村子，甚至让远方的亲人沾沾喜气。我们也会为猫、狗的老病而忧心忡忡，但是它们有自我治愈之道，不用麻烦兽医师。在那个物资匮乏的年代，乡下人大多没几个钱，生病了就自己拔些草药煎来吃，哪有余钱帮病猫、病狗找医生？至于猫、狗的死亡，我们会难过好久，甚至怀念一辈子，不过猫、狗都有“预知时至”的本能，临终前在饲主家绕几圈，做最后的回顾，就远走荒郊野外，不知所终，我们是很少能为猫、狗送终的。

这些知识，小孩子耳濡目染，不学就会。长大后，离乡背井，流浪到繁华的台北读书、成家立业，从此被抽离了根，住的是接触不到地面的公寓，笼子般的局促，即使想重温旧梦都不可得。我的儿子小时候也挺喜欢狗，捡了一只流浪狗回家养，它受不了整天被关在阳台，借遛狗的机会，硬是挣脱跑掉了。



这是我与猫、狗的第一次接触，不擅此道久矣！每每看到别人把猫、狗当宠物养，都很赞叹他们的爱心和耐性，毕竟在都市养猫、狗，是很费时、费事、费心、费钱的。然而往深一层想，猫、狗比人更有佛(灵)性，怎么是宠物呢？它们是我们的老师，举世滔滔，有几个人像猫那般洁身自爱？有几个人像狗那般忠直诚信呢？人类对它们感恩都还来不及，如果再丢弃，不就忘恩负义到了极点？看到流浪猫、流浪狗，心头都很痛，想的是“安得广厦千万间，天下猫狗尽欢颜”。(当然可怜的人更应得到照顾)至于人类捕杀流浪动物，无异于屠杀生灵。人只是众生之一，与其他有情、无情类是相互依存、同体共生的，伤害其他有情、无情类，到头来就是伤害人类自己。

看了这本书，心有戚戚焉。作者专业的知识和流畅的笔触是科普的典范；他的慈悲心肠和生死智慧，彰显菩萨道的六度万行；他对于猫、狗的临终关怀和助念度亡，直探佛的圆满境界。这是一本十分难得的护生宝典。

法鼓佛教研修学院兼任副教授、新加坡佛学院客座教授　郑振煌

二〇〇六年十二月二十二日时值冬至

# 同伴动物存在的可贵性



小时候，我家里什么动物都养过，除了大型猛兽外，猫、狗、鱼、兔子、乌龟、老鼠、青蛙、鸡、鸭等都养过。甚至养到整个屋子里都是各式各样的鸟飞来飞去，热闹得不得了！

所以，我从小就对动物有一种特殊的感情 。如同《动物生死书》作者杜白医师所说，动物这趟人生之旅是来修行进化的，我深有同感。而且，我相信，不仅动物，其实宇宙中的万事万物都在修——一个人修炼得花上几十年的工夫，动物可能要几百年，植物更要花上几千年，矿物当然更久，要几万甚至上亿年。万事万物都在修炼，如果按部就班地好好锻炼，大家都能修成正果。这也就是杜医师在书中提到的，生老病死苦是一个让大家学习、进化的过程。

以“生”来讲，动物的功课是从生活中感受它生存的条件，譬如书中最常提到的狗，它们的生就是要来亲近人类，这就是它此生的生活条件。有些狗命运比较好，被有钱人家收养，生活优裕；有些狗被一般人家收养；有些狗没人养，变成野狗流离失所。但不管它们的生活条件如何，都不会失去动物的生存本能。

基本上，动物的生存方式简单而有节制，比如吃东西，动物不会吃太多，也不会让自己过度饥饿。反倒是人类自己要注意，把动物当人养，有可能让它们吃得太多，或是吃的太好，反而可能害了它们。我记得小时候养狗，都是人吃什么，狗就吃什么，但是长辈会交代要把狗吃的东西冲淡些、煮烂点，不要给狗吃味道太重的食物，甚至如果要帮助狗生存得更好，最好还让它们素食。这都是有一定道理的。

狗来到这个世界，就是在行“忠”的力量，所以每只狗都会忠心耿耿。为什么不能将狗当人养呢？因为狗有狗的体质和本性，若当人养会生人的病，使它们失去本能。我们要让狗尽到忠的表现，一是忠于狗的狗性，一是狗对人的忠。狗的一生如果能掌握这两种表现方式，自然会提升到另一个更高境界。

动物的单纯与节制，正是人类应该学习的。我们要向狗学习忠的领域——忠于人性、忠于人、忠于自己、忠于事业、忠于人类该有的行径。狗有狗的能力，人有人的能力。若以人之能力能学到狗的忠，这人必能成为社会的中坚分子，且真正发挥稳定及平衡社会的作用。

人与人之间互为一面镜子，动物更是我们的一面镜子。

所有的生命都会老化，动物老的时候，所有的行为变得缓慢。这时候它们需要人类的亲近与照顾。我们要习惯它们的缓慢，配合它们的行为，不要因着急而大声骂它，也顺便提升自我修养。

从杜医师书中所提到的几个故事，我感受到当前社会的一个隐忧——许多人会抛弃老狗，让它们流浪。很多人养狗，小的时候觉得它很可爱，让我们感到快乐；精壮的时候它可以当最好的伙伴，无论自己在什么心情状况下，狗都会忠心地陪伴着我们；但是当狗年纪大时，部分人就开始厌烦、甚至抛弃它。狗表现了忠义的精神，我们千万不可忘恩负义，做一个不忠不义之人。

此外，人有时候对动物会有一厢情愿的想法——怕它冷，给它穿衣服；怕它乱，给它剃毛发；怕它烦，给它剪指甲；怕它营养不良，给它吃得复杂……这种种做法让动物失去原始的本能，反而容易使它们生人的病。

其实，动物适应环境的能力很强，当它们生病时，只要安抚它们，它们会有自愈的能力。但不能因为生病就抛弃它，如果要抛弃，当初何必养它？既然养它，就要不改初衷，不要做无情无义的人。

从书中我们看到，人与动物有不同处，也有相同处。我们要在不同处学习了解它们，也要在相同处学习与它们感同身受。相信如果我们能从与动物的互动中学习感同身受，真正体贴地互相照顾，不但是动物与人，就是人与人之间的冲突都会减少，这个世界也将更加和平。



书中也提到，一般人面对宠物的死亡多少会感到哀伤，如何才能像杜医师所说，临终是充满希望与喜悦的呢？其实，对动物跟对人的道理是一样的，只要尽心，就不会哀伤。也就是说，如果我们在对方生前珍惜每个当下，该怎么样就怎么样，该怎么对待、该怎么训练、该怎么爱护，就怎么去做。如此，当它们要走的时候，我们会祝福对方，也不会感到过度哀伤。

当动物走的时候，我们还要反省：它是怎么走的？是自然的？是因为骨质疏松？是因为糖尿病？是因为肥胖症？还是因为癌症？我们要想想，自己有没有伤害它？如果问心无愧，往后还要保持谨慎；如果问心有愧，就要衡量自己的环境、心境与能力是不是有条件养动物。否则再养一只动物，也只是把它当成娱乐工具，或是用来弥补、陪伴自己。这都是不对的。

人毕竟是人，动物毕竟是动物，不要把动物当人看，也不要把人当动物看。我们可以从一只自己养的动物身上去感受所有动物存在的可贵 。它们不只是我们人生的陪伴，更是我们在整个宇宙中学习的一个引导者。从小动物的生老病死苦，杜医师让我们看到生灵万物在整个宇宙中存在的价值，相信只要大家能够学习到书中不断自我反省的精神，必然能够达到灵性的进化与提升！

梅门一气流行养生学会创办人 李鳳山

# 守护生命的菩萨



认识杜白医师将近20年了。那时我尚未出家，在一家出版社负责两份杂志。曾经邀请杜医师在杂志上写了一些有关动物的文章，也首次见识到他的生花妙笔。原来，他那拿着针筒、手术刀的手，提起笔来也挥洒得那么利落杰出；原来，专业的学识也可以写得那么活泼有趣，精彩动人。

他之前的《会笑的狗》《流浪的大麦町》《葫芦猫》等书，一则则趣味横生又感人至深的动物故事，以及动物与人之间的互动等，撼动了许多大大小小的心灵。在共鸣者心中，我想我们都或多或少寻回了如动物般自然、天真、朴实、善良的本性吧！

杜医师的这本《动物生死书》和前面几本很不一样。他以二十几年的临床经验，从对动物、对人的“医身疗心”中，看到生老病死苦的真相。严肃的课题里，有生命学、医学、社会学、自然科学、宇宙学等学科的理论，有诙谐又贴切的比喻，有真情感人的事例。而宗教信仰就像一条美丽的丝线，将这些“事”与“理”贯穿成一串晶莹的念珠。

也因其浑然天成的善根、慧眼，使得他能和发现宇宙真理、生命奥秘的佛教相契合。融摄一切生命学的佛法，印证世间现象，让我们于事于理于人，找到圆满而安心的注解！

我相信杜医师是乘愿而来的菩萨，他依佛指示，来世间守护动物，并借由动物让它的同类——人类，能体悟生命的真谛。

印象里，俗家一直猫狗不断，少则一两只，多则七八只，也不知它们打哪儿来的。不是宠物，倒像是家里的成员，比我们更自由的成员，有得吃、有得住，可以自由进出，甚至在外面玩几天才回家(我弟弟还说，它们最幸福的是不用考试、写作业)。



记得十五六岁时，有天晚上，一只小猫生病，我抱着它，哥哥骑自行车载我们奔往动物医院。我焦虑挂心怀中的小生命。冷清的街道随着一盏盏的路灯在眼前晃过，原本尚温暖的小身躯竟开始变凉，手里感受到逐渐失去的温度，我慌乱地哭了起来，热泪一滴滴落在冷冷的身体上。

这是我第一次体会到动物之死。

第二次，是我在台北上班时。住在公寓养狗不方便，养猫成了很好的选择，第一只猫便是杜医师送的白色小土猫。后来又养了一只波斯猫，这位养在深闺、不谙世事的小姑娘，第一次怀孕生产时，表现出的惊慌、害怕、手足无措，打破了我过去从“传言”得来的认知：不能观看母猫生产，因为有人窥视，它们会把自己的小孩咬死。

预产期那天一大早，这只猫咪就亦步亦趋的黏着我。我和它一样紧张，三番两次打电话请教杜医师“接生婆”之道。折腾了半天，第一只小猫才湿漉漉出来了。我依杜医师的指导为它剪脐带、用线绑好，再用纱布轻轻擦那小小的一团生命。尚未处理完，母猫又用力鼓动肚子，不久两只细细的脚露出来，怎么办？赶紧向杜医师求救，他告诉我一手按摩母猫肚子，一手拿着毛巾轻轻转动露在外面的小猫下肢。电话那头的声音温和又坚定：“一定要赶快把这只小猫拉出来，否则肚子里其他猫咪它出不来，会死在里面。”

当那只难产的小猫被拉出来时，它两只腿已伸直，不再有呼吸。我把它放在一旁，就忙不迭地顾着一骨碌再冒出来的两只小猫。那时，我尚未学佛，那只一出生即夭折的小生命只被草草埋在附近的树林里，连一声佛号、一遍“往生咒”也没给它唱诵。

“生死”的学分，是出家之后才开始认真修习的。

生命的生老病死，万物的成住坏空，是宇宙必然现象，有人体会得深，有人体会得浅；有人及时超脱，任运自在，有人终生沉溺，执迷不悟。身为动物医生的杜白，借着动物，借着他那一支好笔，为我们搭起由迷到悟的桥梁。

他说动物是人类的共修、伴读，它们来到世间的脚本里，写着“要帮助人类向上提升”，更注明“要寻找宗教慰藉”。因此，在它们生命的每一阶段、每一关卡，都希望能和亲爱的主人或有缘认识的人，一起加分，而不是被扣分。慈悲、结缘，是加分；残忍、造恶业，是扣分。无私、忠诚、奉献、宽心、愉悦，都能加分；自私、怨恨、嫉妒、牵挂、不安，都会被扣分呢！

如同极乐世界里的白鹤、孔雀等，皆是为法音宣流而婉转啼鸣，皆是在演唱五根、五力、七菩提分、八正道等佛法。甚至禅宗亦言：“青青翠竹，尽是法身；郁郁黄花，无非般若。”不论有情、无情，大地尽是法，就看我们能否会得?

一直记着杜医师说过的一句话:“动物不会造业,只是来承受果报。”动物身,是它们的果报。灵冥不失的真心佛性,往往让它们表现出真善美的高贵情操,我想这是身边养动物的人所能感受到和认同的。

伴在身旁的猫狗用十多年的生命“以身说法”,我们怎能不疼惜、感恩呢!杜医师这位守护生命的菩萨,如“大医王”,不只告诉我们除了照顾动物的身体,尊重体贴它们的情感,更应关注它们的性灵,也指引我们该如何让它们往生至光明的善道。

佛教是尊重生命的宗教,常言“一切众生皆有佛 ”,也倡导“同体共生”“慈悲护生”的观念。但是,确如杜医师在自序中所言,寺院对饲养动物却又有所顾忌。身为喜爱动物的出家人,我能体会个中深意。

如书中所言:“牵挂是折磨,一种最牵肠挂肚最折磨人的苦。”舍俗出家,必须辞亲割爱,了无牵挂,怎再养个动物来牵绊呢?



虽然如此,每次看到猫咪,我依然会眼睛一亮、心一动,忍不住走上前想去摸摸它,跟它说说话。

如何才能温柔而不黏腻,慈悲而不贪爱?杜医师对“佛”字诠释得好:“左边站着一个人,右边弯弯曲曲的线条被画下两道直线,就是人看着世事曲折变化,被两把剑给刺穿,这两把剑就是智慧与慈悲。”没错,每个生命都有成佛的可能 ,当我们能悲智双运,本自具足的佛性就能绽露光芒了。

这本《动物生死书》是喜爱动物的人、家有养动物的人,以及关怀生命的修行者一定要读的好书!因为读了它,真的能利己利人,能与我们所爱的动物伴侣共同圆满生命,成就佛道。

佛光山法堂书记二室主任　满观法师

# 心灵底层的小泡沫



我把圣贤的教诲跟小时候看的星空联结起来，体悟到一个很微妙的感受，就是宇宙间有个十分恒久的智慧，这个智慧一定超越佛学、科学、伦理道德、文明文化等我们所能理解的层次。

我一直对“发明”这个字眼十分不以为然，我深信，人类只是不断地发现，不断地找到一些早已存在的事与物，没有发明，只有发现罢了。

许多东西静静地存在亿万年了，人们用有限的能力找到一样就欣喜若狂，著书立作，申请专利……其实，都是在瞎忙。

21世纪是个非常焦虑的时代，因为以现有的科技，人类暂时可以获得一些利益，却必将长期忍受其所带来的灾难，不安的人类俨然热锅上的蚂蚁。

科技文明把悲剧描述得愈来愈清晰，于是这成了第三个千禧年的大怪兽。这个怪兽天天来敲我们的门，告诉我们臭氧层破洞又扩大了多少，南北两极的冰山又融化了多少，地球变暖早已启动，挡也挡不住。人类即使用一切力量来推动环保，也只能把悲剧稍微延后一些。

于是，心灵复苏的追寻成了在等待的过程中人们唯一能做的事，也就是在物极必反的铁则中，人们找到了喘息的唯一方式。

其实，古来圣贤所留下来的教诲，一直不断地让我们惊艳。

孔夫子说："吾十有五而志于学，三十而立，四十而不惑，五十而知天命，六十而耳顺，七十而从心所欲，不逾矩。"

成住坏空，就是宇宙的真象。因果轮回，从古到今乃至未来，都是不变的。

圣贤不断提醒我们，过去未来都不可考，只有当下才是真实的，才是安顿身心的唯一。



我始终坚信，修行的过程中，狗猫这些贴身的小众生是一份不可忽视的助力，也是自古以来一直被忽略的缺角，缺了一角就无法圆满。但是为什么修行的人绝大多数不愿意主动去接触动物？因为上师们怕我们分心了、被耽误了。然而，我们不去碰，因动物而衍生的障碍却依旧在那，挡住了修行提升的机会。

事实上，人与动物的联结其实是很紧密的，古老洞穴里有屡见不鲜的原始动物壁画；在中国传统文化中，每个人的出生年份都分别对应十二生肖中的一种动物；古今中外的文化中，常常用各种动物来叙述某些特质；婴幼儿的玩具，动物造型占了一大半；绘本、童话、寓言中，处处可见动物在说话；迪士尼卡通里的大部分角色都是动物，连现在的电脑动画也都以动物做主角。

婴幼儿看见动物，都会出现直接而纯真的反应，而卡通、动画所展现的正是难忘的童年。养狗养猫的人总是不由自主地跟它们童言童语。因为潜意识中，我们都是同一族类。这些古老的记忆十分久远，深植在我们的基因里。

而今，人类与动物的联结只会越来越多，少子化、老龄化造成人际关系越来越疏离。这时，动物就成了最佳伴侣，填补了人与人之间的空隙。仔细反思我们的吃穿用度，甚至诸多美容产品，许多都来自动物，即使你不养狗猫，家里一定有跟动物有关的东西，比如皮鞋、皮带、羊毛衫、鲜奶，甚至是貂皮大衣。

古人为了温饱而捕猎，并且充分利用而且不浪费。今人则在过度的温饱之余，过分追求精致奢华。

谈这些除了要揪出人类沙文主义所造就的罪恶感之外，也希望激起那尘封了的同理心。

有了同理心，人类才能免于灭绝。有了同理心，人类才会真正的谦卑。只有谦卑还不足以拯救脆弱的心灵，你只有参透知障才能奋起。

我把佛家的生老病死加了一个“苦”字，然后依序铺陈全书内容，并把重点放在苦，因为这是大家最不熟悉，却也是最易受到折磨的部分。

1985年，我离开解剖房，准备开一家动物诊所。当时吉米·哈利(James Herriot)的“万物生灵”(All Creatures Great and Small)正风行。我参加台湾电视公司“快乐小天使”的节目时，收到想了解如何教小朋友们饲养小动物的观众来信非常多，心想干脆找个可以直接与观众面对面、马上解决问题的平台。我诚心诚意跟观世音菩萨求教，诊所用什么名字好呢？菩萨指引，六个字即可，至于笔画完全不重要(诊所因此取名为“中心动物医院”)。这一路走来，我看见生老病死苦不断轮回，第六个字竟正好是生，生生不息啊……

不知不觉地，也就过了21个年头，很长，也很短。

当时，我不清楚为什么菩萨说“生老病死苦”，怎么多了个苦呢？然而，我也完全没有怀疑。现在，我明白了，原来，苦是21世纪最大的困扰。点出这个就是要特别把精神层面提出来，也就是说，了脱生死之余，精神或者意识课题将在进化的过程里跃升为主角。

读者如你，或许自信没有这方面的困扰，可是就像开车，你以为谨慎驾驶就不会撞到别人，别人却可能失神撞上你，在人群中什么事都可能发生，我们未必总是能够侥幸躲过。我没有能力解决人类所有心灵层面的苦恼，至少，我希望透过动物这些小众生的助力，让人们在苦障的迷阵中不至于迷失与堕落，是同伴动物们帮助我们回到生命的原点上，让我们得以重新出发。

上天要我当兽医，给了我一只快笔，恐怕是要我来填补那心灵成长过程中所出现的残缺。尤其是读完《西藏生死书》(The Tibetan Book of Living and Dying)时，我看到索甲仁波切(Sogyal Rinpoche)解开了世俗人士对灵魂存在与未来的困惑，我就暗地里决定也写一本动物的生死书。只是，狗猫的心里想什么，见仁见智，只要你认为如何，大概就是如何。因为，没有狗猫可以否定你的说法，除非它们说出人话。既不会通灵，又不会猫言狗语，这就是我迟迟不敢提笔的原因。酝酿了很多年，热心的心岱小姐三言两语就把我给逼上梁山。但即便现在写完了，我还是给自己留了大大的一片空白，空出来给大智大慧来填补。

动物医师　杜白

# 生

动物其实是地球的原始住民，
不但可回溯的存在历史远甚于人类，
更因为不若人类复杂，
所思所行皆是为了存活下来这个单一目标。
也因此，当动物因缘际会出现在人类世界里，
就会用它们的真实本性来教导人类，
例如狗的忠诚、猫的悠闲度日……
同伴动物是陪伴人类学习的最佳书童。

# 生之初





在20世纪末与21世纪初，反省声浪让生态环保意识更加高涨，危机意识处处可见，许多人开始想要解放动物，希望借诸普世认可的道德判断，以反省与赎罪的心态，在利用动物的同时，能尽量减少它们的痛苦，以减轻利用它们之后的罪恶感。只是一片保护声中仍缺少了学习的意识觉醒。

古圣贤，包括各学派的代表人物，以其深邃的智慧，当然知道动物与生俱来的宇宙智慧，只是限于各阶段的文明发展，以及民智所能理解的层次，为了行教化之便，始终没有特别挑明这些动物的智慧。

其实，这正是人类要深度进化的障碍与缺口。

许多人借诸修行来进化提升，却不曾深度思索动物这个地球居民的另类智慧可能带给人类多大的提升动力，所以，我们得谦卑地来回溯。

## 地球的原住民

地球上最早的居民是动物，也就是大家熟知的恐龙与昆虫。恐龙存在于3亿年前，甚至更早，而人类的出现，考古学家非常努力去挖掘去探索，约略得知，最早可能是百万年前，因此可以说动物其实是地球的原住民。

1996年，美国航空暨太空总署在1枚13000年前掉落在地球的火星陨石上，发现了30亿年前火星上可能有类似细菌的单细胞生物存在的证据。根据达尔文所提出的革命性理论“演化论”，这个可能是最低等的原始单细胞微生物，经过漫长的演化，从原始单细胞微生物、多细胞微生物、海中低等生物、有壳生物、鱼类、两栖类、爬虫类、鸟类、哺乳类、灵长类、猿猴逐步演化到人类。所以，人类可以说是后来才到达的移民。

不幸的是，大陨石的冲撞同时引发了大浩劫，使得大部分恐龙消失，一些消耗较少的，在因缘巧合、诸多因素的配合之下，便逐渐演化成为现今大家所认识的种种动物。

所有的动物都携带了一些讯息，或者称之为生命体的优良素质。几万年以来，动物默默地守候在人类的周边，对于地球也多多少少都有些贡献，唯独人类这个顶级的消费者，因为人口数量大增，为求生活便利所消耗的能源不断增加，从而产生了过多的二氧化碳，慢慢腐蚀了防护地球的臭氧层。除此之外，人类还构建了各式的文明，这些文明对于地球之母而言，都是缓慢发作的毒素，也引发了地球的某些危机。

## 世代遗传的优良素质

物种个体、语言、文学、艺术、科技、意识、性灵，几万年来都在一点一滴地慢慢演化。演化就是不进则退，不够完美的基因组合最后就会被迫慢慢消失，进化到一个极致，也免不了开始退化，就像登山一样，爬到山头就得下山，因为高处不胜寒。

最难能可贵的是，演化的过程中，只有动物会把优良的素质世代遗传下去。这些素质，在上下四方、古往今来的宇宙中，恬静地存在着。

大部分的狗猫都是在出生后两个月左右进入我们的生活里，因为大家都以为狗猫要从小开始养比较好，好训练又亲近人。若将它们长牙、换牙、性成熟的年龄与人类的成长相对照，两个月相当于人类的四五岁。

动物在成长过程中离开亲生母亲，就会找一个新的母亲来继续它的成长与社会化过程。因此第一个带它回家的人，常常就是它们这一生中最最重要的主人。尽管这个主人并没有花很多时间照料它的吃喝拉撒睡，陪它玩耍，但他（她）的第一重要性是永远不变的。

这就是它的忠实，它们在被创造出来的时候，就已经被赋予的素质。

在先天条件上，动物没有伴随人类文明产生的拙劣面，例如复杂的思考方式、反复无常的情绪波动、永远无法填满的欲望坑洞、沙文主义的蛮横以及嗜血的相互残杀；也没有人类文明必备的优势点，包括资讯的汇集传承、严谨的科学、向大自然抗衡的勇气，等等。因此，它们把重点完全放在如何存活下来，而为了存活，有几项演化特征一点一滴地保留下来。

## 本性天真，自由自在

首先，同伴动物的体积始终比人类小。像狗，只有极少数的体重会与人类相似。绝大多数都在20千克左右，甚至5千克左右，以致对食物的需求量就比较低。其次是多胎，相较于人类的单胎，动物胎儿的存活率较低，多生几个，总会有些顺利长大。再者，因为多胎，遗传基因组合方式得以尽可能多地出现，去迎接不同的生态挑战。此外，猫狗的强项在于其生理构造，尤其是牙齿——食物入口的第一道关卡。狗猫的牙齿原本生来是吃荤的，门牙已经退化，而犬牙、小臼齿、大臼齿却像斧头一般尖锐，以它们吃荤的牙齿结构，居然可以跟人类一样荤素不忌，消化吸收无碍，以致食物不虞匮乏，当然就不会濒临绝种，也不像其他物种可能需要花费大量资源来保护，反而具有高度的经济价值，甚至偶尔过度泛滥而造成困扰。





狗猫最可贵的本事之一，就是存活了千万年。除此之外，它们伴随着人类周遭生活，却又不犯人类常犯的错，甚至其天赋能够趋吉避凶。

动物这些本事，远古人类同样拥有，只是人类多了思维，构建了文明，这些文明却又十分不文明，越演化越复杂，反而让天赋本真越来越退化，长大了，不知不觉就变了调。

也因为源于天赋，动物的身心灵既自由又自在，就像宇宙的存在。

基督徒深信有个全能的上帝，自由自在地创造了宇宙万物的一切。佛教徒深信因缘，因缘俱足，一切的事与物自然就会出现。一切的来来去去，都是那么的自由自在。而越来越多的科学家相信，宇宙的初始很可能是那一丁点的量子泡沫，在那亿兆分之一秒的瞬间，宇宙就自由自在地形成了。至于那一丁点的量子泡沫又来自何方，我们不妨自由自在地设想：可能真的有那全能的造物主存在。因此，狗猫的出现，它们的生生不息，不妨严肃地去正视。

曾经有个笑话，从正面看神是GOD，反过来看，正是DOG。

# 带着脚本来上学





生命的轮回，有几种说法。

有一种说法，生命像是有多个切面的钻石，每次出生就是来把某几面擦亮，当整颗钻石全都擦得亮晶晶，就开始升级成为智者或指导师，或称之为助教，去帮助其他生命擦亮，而不必再出生。

另有一种说法，每个人出生前，在另一个时空，在老师们的指导下，草拟好这一生的蓝图，再带着蓝图降生，照着蓝图一步一步地走。

还有一种说法，宇宙间有一部非常非常大的超级电脑，每个人就像一部小电脑，记录着这一生的一切。即将离开人世的时候，小电脑会以极快的速度回顾这一生，并且下载到磁盘上。然后回到超级电脑，插入磁盘，输入资料，与累世的资料重新对照整理，看看还缺少什么，或是没有学好什么，再重新出生。也就是说，每个人都是来这个世界学习的，当所有的学业都已完成，短期内就不必再出生。

当然，还有各个宗教里许多大家各自熟悉、认知与全然相信的说法。每种说法都具有正面的意义与价值。因为宗教的产生，在不同的时空环境下，自然有不同的风貌，其核心价值就是安顿活人的心。使每个人都能够坦然地面对这个千变万化的世界，好好过日子。

## 人生就是戏

我最欣赏前述的蓝图理论，只是我另有诠释：带着蓝图来，倒不如说带着演戏的脚本来这人间学习。

蓝图用于构建，事先构思，计算之后绘成图样才能循序完成。好比画成什么样的房子，不能有丝毫的误差，毕竟房子不可以随便盖。生命却不同，它有无限的可能。因此同年同月同日同时出生的人，照说是相同的命运吧！循着这个命理，他们的一生运行应该也相同。然而，帝王、公侯、将相等，跟他们同时出生的绝对还有其他人，说不定还不少，只是职位只有一个，也只能容下一个人。因此，如果拿的都是当王侯将相的蓝图，大家岂不抢破头？但这种事却从来没有发生过。

所以，我欣赏脚本这一说，写得很清楚，照着演就会十分顺利。古往今来，许多人拿的脚本轻薄又短小，结果在人生的舞台上却演得淋漓尽致，让人拍案叫绝。因为临场的发挥往往更吸引人。

每个人都拿着脚本来，这就是命。上台开演就凭本事，你不必字字句句照本宣科，可以临场发挥。同样的脚本，今天演，明天演，不必完全雷同。

你的脚本是草拟的大纲，根据的是你累世所学到的东西，至于上台要怎么演，是毫无限制的。甚至只要你的才能许可，还可同时反串，或一人扮演多重角色。

人生其实就是角色的扮演，每一世你可以演不同的角色，当所有的角色都演完了，就歇着去吧。至于角色有多少，套用佛经上常说的：像那恒河的沙粒那么多，数也数不尽。

## 生命舞台上，各自展演





许多宗教产生时，当今科技都还未萌芽，因为应科技所产生的角色，在古时候是不存在的。所以歇息完了，新的角色出现，你得再来扮演一番。这就应了前面提过的，所有的人、事、物都会演化，生命同样得跟着演化的脚步走。

带着脚本来上学，学习如何扮演好各种角色，比如为人父、为人母、为人子女、为人子孙，或作为王侯将相、贩夫走卒、老板、伙计，乃至现今道德观底下的负面角色，全然包括。不同的角色，自有不同的言语、思维乃至价值判断。甚至，各种不同的嬉笑怒骂，色身香味意识，乃至潜意识，都是要用心扮演与学习的。

这一世的修行成果好比读大学，当学习接近尾声时，运气好的就可拿到大学文凭，戴上方帽子毕业了，下辈子再念不同的科系，这是一般人。

有些人日以继夜地学习，甚至研修两门专业课，在大学毕业时立刻考上研究生，继续硕士课程，在肉体大限之时拿到硕士学位，就是贤人，贤人就是菩萨果位，或是儒家里的诸多先贤。有的人更是精进，在有限的岁月中，拼了个博士，那是圣人耶稣，或是佛的果位。这个阶段，尽管主修某些学问，却可触类旁通，一呼百应，拥有身为真正博士的超级智慧。

圣贤也可倒驾慈航，在众生迫切需要时回来指点引导一番。

## 伴读书童，也是主角

那么身为狗猫，又是如何呢？

从因果轮回的角度看，狗猫属畜生道，感觉有些低下。对佛道略知一二的人，普遍持此观点，实际上，这等轻视是令人惋惜的。因果轮回是真，再套上我那带着脚本来上学的说法，对于身处第三个千禧年之始，人类性灵开始进化的时代，狗猫自有其催化的功能。

首先，狗猫的生命周期通常为十四五年，相较于现今人类的平均寿命七十好几而言，只占六七分之一。也就是说，这趟上学的时间短了一大截。很像大学里寒暑假的短期班，短短一两个月密集的学习就可修完一门课拿到学分毕业或是结业。所以，正在上学的我们，身边相伴的狗猫其实正是伴读的书童。

伴读正是它们出现的理由之一，它们的脚本比起人类的脚本更为简略。而它们要如何扮演则需要我们来协助，比如提供舞台、道具，甚至提供食宿，总之，就是要给它们表现的机会。它们在我们旁边表演，常常会有许多令人惊艳之举，这会使得我们的表现更灵活、更出色。

从人类的立场看，我们是主角，它们是配角。以它们的角度看时，它们是主角，我们则是配角。

一人不成戏，演独角戏就只是个人的表演。生命的舞台上没有人可以演独角戏，因为独角戏无法让角色充分发挥，倒不如不演。所以，在这种互为主、配角的舞台上，彼此必须要有良好的互动。而这种良好的互动中，必然有些奇妙的因缘存在。

我们是被它们挑选的，因为从千百累世以来，我们一定曾经有过相处，也许是家人、亲戚、师徒，或者只是一面之缘，一饭之恩。

因缘既已成熟，就是弥足珍贵的，它可能会在我们修习的脚本里多添几项科目，以帮助我们提早拿到博士学位。

## 从一而终的陪伴





如果你体认到这趟人生之旅是来修行进化的，那么同伴动物们就是你的共修，如同你周边的父母、师徒、儿女、亲朋，都是共修。

你得轻轻地弯下腰，放下身段，从你对它们粗浅的了解开始。例如狗的单纯、忠贞，以及守护家人、不畏生死、始终如一的服从、御强济弱等。而猫呢，它们喜欢从高处看世界，随时保持身体的整洁，以含蓄的方式来表达它们的关爱，轻轻松松过着每一分每一秒。从它们的高度来看这个世界，你会惊讶于视野的不同，它会教你知晓如何多面向思维。它们的不离不弃会让你在上帝面前的誓言成真。

其实，狗猫与我们的关系非常像保守的婚姻观，也许跟不上时代，也许让人沉闷，但是在社会道德的角度来看，至少不会制造太多的社会问题，而且就修行的角度来看，从一而终地修习完你的选择，拿到学分，就不必重修。所以，你曾经在上帝的面前发誓要照顾你的伴侣一辈子，不离不弃，相守一生，你完成了承诺。

而从狗猫的角度来看，它们选择了我们，就像在上帝面前发誓一样的审慎、坚定。它们完全没有分手、分居乃至离婚的念头。它们无怨无悔地讨好你，并不只是因为你是它们唯一的家人、食物供应者，为它们提供遮风避雨的庇护所，它们也视你为它的儿女与宠物。尤其是狗，总是直接表达它的想法，当然它也有内心世界，包括忧虑、企盼，这就有待人类静心地去探索、了解。而猫的从容，是否也在提醒你放慢生活的步调，检视你已拥有的一切、每一次呼气、每一次吸气。

如果你愿意很好地去对待它们，是不是你也愿意把这份好扩展到他人身上呢?

# 加分扣分的哲学



人往高处走，水往低处流。这是最简单的物理现象，完全不知物理学为何物的凡夫俗子，想都不用想也知道。

好道理不必花脑筋想，向上提升，正向进化，自古以来一直就这么进行着，从来不曾停歇过。即使是陪公子读书的伴读童子同样也在长智慧。加分扣分的哲学：当我们有那么一天要离开这个世界了，这一生的功功过过、加加减减就决定了下一辈子。

其实，真相倒不那么狭小。既是伴读，也是共修，所谓水涨船高，一人得道，鸡犬升天。真正的修行，绝对不只是为了一己之私。

许多复杂的真相，都在最简单的道理中。

狗猫的脚本中都记载了一个简单的宗旨，就是来帮助人类向上提升。因此，西方人常常感动地当它们是天使，它们就是乐意这么无私地来帮助我们。

真善美是这个宇宙的光明面，成住坏空则是不变的定律。它们本身就存在着诸多真善美的不同面向，等待着有缘人慢慢去发掘。同时，它们以10来年的有限时光，完整地展现成住坏空这个不变定律的实相，尤其是坏与空这两个阶段。因为，并不是每个人都有机会亲身感受亲朋长辈如何为病痛、衰老所苦，乃至于突然失去他们的死别之苦。

真善美是感觉，让人心生愉悦，这些愉悦不是在道德、礼教的规范之下才产生的。就像许多受人尊崇的画家、艺术家、音乐家、指挥家，他们的杰作触动了多少心灵。许多乐曲唱颂至今，令人陶醉。这些人的私生活或有诸多隐晦不堪，我们在愉悦之余，含糊地以风流韵事来包容，甚至以公私分开来看待，把道德、礼教全摆到一旁。





## 抛开礼教，向它们讨教

我们面对狗猫的情绪往往也这么复杂，它们真心诚意与我们相处，我们也满怀欢愉，心底却还有礼教束缚所产生的阴影，例如长辈常常会叨念一些年轻人不结婚、不生小孩，就只知道养狗养猫。他们以传统的礼教，给实践另类生活形态的族群扣上大帽子。如今，这些传统礼教已经过时，地球的资源也无法再承受更多的人类。也许，不要再增加人口数量，才是人类对地球最卑微的贡献。

礼教的形成原本是要来维持社会结构的安定，用来处理纷乱。只是从前纷乱的年代还没有环保、生态、资讯、科技等复杂因子的介入，当然也没有进化的观念，更没有共修的想法。

我们现在以觉醒的意识，以进化中的智慧来回溯动物自古以来的存在，就会知道它们活得实在很辛苦。

发乎情止乎礼的我们，始终躲在礼教的大伞下，不但忘了它们的存在，也常常给予负面的暗示，例如猪狗不如等骂人的话。这句话先把猪狗列为最低等的牲畜，就因为它们不懂人类的礼教，然后被骂的人摆在它们的后面，意思就是：它们无知，你却比它们还差。

在所有的人、事、物都进化的同时，传统的礼教也必须与时俱进，不可单以人本为基础。人类站在地球上仰望宇宙，所能看到的世界是有限的。天文学家不断探索地球、太阳系，乃至银河系以外的无限空间，物理学家则努力寻找那些非常细小的粒子，以此来推算宇宙的起源。宗教的修行者则努力探索内心世界。这个现存的世界，已经远远超乎传统礼教所能理解与规范的范围，人类应该掀开罩顶的有限知识，探出头嗅嗅外面无限宽广的世界，同时在我们的内心世界挪出一个小空间让狗猫进来，让它们来协助我们，了解一些十分基础的原理，那就是生命进化时存在着的加分或扣分的法则。

有一天，颜回在街上碰到一个人，那人说8乘以3是23。颜回立刻纠正他是24。双方争论不休，结果，颜回说："如果8乘以3是23，我头顶上的帽子就给你。"那个人更绝，竟回答："如果8乘以3是24，我的命就给你。"于是他们去找孔夫子。孔夫子抬起头来看看他们二人，缓缓说道："8乘以3是23。"颜回十分气馁，怪老师没说真话。孔夫子回答道："如果你输了，不过是输了一顶帽子，如果他输了，那可是输掉一条人命呀！"

在佛经里，也曾提到过类似的故事。明明甲是对的，乙却不讲理地开口就骂。甲为了不让乙造太多口业，立刻道歉，好让乙住口，不再造口业。

停止互相对骂，就少造了许多口业。

## 加分或扣分，需要磨合期

在我们的传统里，孝道第一，只是，我们所熟知的孝顺常常只是顺而已，并没有达到真正的孝。真心的孝是勿陷父母于不义，这才能为我们的父母加分，或者至少不被扣分。然而，我们常常会碰到没有什么文化的父母，这时该孝还是顺，令人两难。

如果，父母没什么文化，至少还是讲理的，那么尽孝之道就是心平气和地跟他们说清楚，而不是闷不吭声地让他们做些糊涂事，讲些糊涂话。

但是，如果父母既没文化又不讲理。这时，顺是唯一的办法，因为顺了他们的意，至少他们会停止说话。也就是，如果我们没法替对方加分，至少不要让他被扣分。

用在动物身上，如果因为它们，我们不自在、闹离婚，甚至顶撞父母，不好好上班、过日子，甚至不吃不喝、不想活了，那么它们是会被扣分的，因为它们帮了倒忙。

所以，如果因为我们的无知使得它们含冤莫白，那么它们就会被扣分。反过来，如果因为我们的智慧，使得它们的辅助发挥了功效，它们才会被加分。

既然它们是伴读，是共修，是纯然奉献的角色。那么我们更应该设法让它们能够加分。所谓加分，就是让它们可以全然发挥，之后让它们在纯净的贡献中得到安慰，让它们知道，它们无私的付出已经被知晓，也将得到感恩的回报。

加分与扣分是段很长的磨合，乍听之下，你大概还弄不清楚，到底谁加分谁扣分。这个磨合的过程，我们一定要练习远眺到这段生命的最终点，也就是最终总结的时候，我们回顾这一生，希望是加分的多，扣分的少，最终结果是正分。

如果动物终其一生没法让主人多加分少扣分，它们也会在夕阳西下的时候，想尽办法让主人们不被扣分，于是，我常常就得做些顺水推舟的事，设法达到两全其美之效果。

## 因缘成熟，圆满加分





有一天，旅居美国的张先生和他的太太带了两张X光片来找我。

16岁的老狗布先生生病了。X光片上很明显地显示，它的胸腔内长了一个较大的癌症肿块。再一次证实它得了癌症，让这张太太难过得泣不成声。

就在这十分为难的时刻，我深吸了一口气，长长地吐出来，我知道如何替它也替张先生和张太太加分。

我告诉他们，往后不论如何，一定要告诉我老布的结局，而且我要检视它的骨灰。

布先生是只十分高傲的老狗，诊所里有些体型比它大的狗都十分顺服它。张太太甚至偶有吃醋的抱怨，谁都请不动张老爷，只有这个布先生可以让老爷子乖乖去伺候它。其实，抱怨不是真的，只是有一丁点的酸溜溜。之后，尽管癌症没有消失，布先生在大量美国特效药的辅助下，却也过了段不错的日子。

终于，布先生，走了。

之前，我就告诉他们，布先生火化后会有舍利子。我没见过布先生，只是见过它的X光片。舍利子如何产生，是个很大胆的猜测。

我跟着感觉走，也顺着布先生的期望走。我将它的骨灰摊开来，戴上老花镜，拿着镊子慢慢地找。果然，坚硬如钻的一些结晶，像玛瑙，又像琉璃的许多白白绿绿的小颗粒黏在骨头上。骨头轻轻一捏就碎了，而这些结晶完好无损，落到不锈钢的诊疗台上，发出清脆的金属声。

我就知道，这是个圆满的工作——老布的许多舍利子、舍利花，让张先生和张太太破涕为笑。

所谓大圆满，就是让因缘十分巧妙地成熟。往生，常常是主人们最无法接受的时刻。然而，该来就来，该去就去。

张太太替布先生做了许多烟供，一心一意希望它能离苦得乐。其实，它早已把苦乐抛诸脑后。它只希望这一辞别没有哭泣，没有悲伤，没有不舍，没有不甘。它希望主人不再牵挂它，继续精进。于是它给主人加分，当然自己也加分。因为，主人对它充满了无限的感恩与祝福。

祝福是“法力无边”的，祝福可以使离情转化为灿烂的七彩虹光。

当你在修行的同时，一定要记得把动物们叫来一起诵读经文。要跟它们说，就算不会唱也没关系，跟着打拍子也行。

事后，张先生和张太太送了我刻有心经的镇纸，看了就让人赏心悦目，又送了我许多珍藏多年的狗年年历，看得出来，他们已走出伤痛，很积极地为自己、为众生加分。

# 广结善缘





如同其他动物一般，狗猫来到这个世界就是来广结善缘的。

上一章，我阐述了加分与扣分的道理，这一章，我想在诸多基本教义派的枷锁中，找到一泉活水。

狗猫位于畜生道，是堕落的结果，以世俗的角度来看是不值得同情的，对于笃信因果的人而言，是一种警惕。也许前世口无遮拦，今生无法开口说话，无法清楚表达自己的想法、感受。也许上辈子受人之恩，无以为报，这辈子化身为狗替我们看家，当保安来报恩。也许上辈子曾经开车压到狗猫，这辈子成为狗猫被撞死。

其实这些想法十分狭隘，随着时空的转换，必须转变、完善。

先谈谈报仇吧!

我有个远房亲戚，有一天在浴室里突然跌了一跤，从此中风，没法言语，也无法行动。他学佛多年，为人憨直，是个殷实的老农，书读得不多，情义却非常深厚。他中风之后家人去找他的师父寻问究竟。师父说，他在前世杀了一头牛，从它脑脊椎交界处的大椎穴砍了下去，牛死得不甘不愿，盯着他许多年。终于逮到机会，趁他不留神，也在他的大椎穴砍了下去，使得他从此中风。

我母亲去探望他，他勉强蹦出一句：“老实念佛。”他的师父与其他高僧非常尽心地替他做了许多法会，以期为他减轻前世的罪孽。

以世俗的法律来看，杀人偿命，天经地义。只是，法律不过也是人订的，划出许多警戒线，告诉天下人不可越雷池半步。

一天，他往生了，据他的儿子说，烧出了108颗舍利子。

如果，冤冤相报属实，那舍利子又从何而来？或许，那头牛表面上是来报仇的，实际上却是他智慧精进的推手。它根本无怨无悔，只是借着一段宿业，使得他虽然身受奇苦，心志却因此更加坚定，从此一心一意忏悔，一心一意守着心口之意。结果，出现了舍利子，他超脱了。

如果以狭隘的基本教义派解释，他的中风正是果报，然而正因为这个果报，他得到了大成就。

希望这个故事有助于死守基本教义的人开点智慧。没错，他的中风正是冤冤相报的结果，如果他当时探知了事情因由，从此自我放弃，自怨自艾，恐怕舍利子就不会产生了。正因为他全然了解这段因果，他才下定决心要跳出这个轮回，这份坚定的觉悟，对于靠轮椅过日子的重症病人而言，实属不易。他从果报中开启了善因。

## 以身为教，最佳启发

我们从动物这些果报中也许可以探知许多的因。然而，过去的因已经无法改变，不如将这一世的果转化成好的因，重新开始。

过往诸因不可考，当下未来犹可追。这是对不甚熟悉基本教义派的众多普通人最简单的提醒。我建议读者不妨对今世曾经给予动物痛苦的过往，诚心地忏悔，放下屠刀，重新珍视动物保有宇宙智慧的真实一面。

动物，尤其是狗猫拿的脚本里，千篇一律的有四个字：广结善缘。而且，透过的不是语言文字，而是源于本性。只是这个本性，一直被误解成兽性。

兽性就兽性吧！在藏传佛教里，魔也上舞台的，牛铃大眼，十分吓人，却要人们直视它。这些魔不在外界，而是潜藏在人的心底。勇敢面对这些心魔，接受它、了解它、处理它、放下它，魔自然就消失了。

所谓的结善缘，就是结那开智慧的增上缘，跟恩怨情仇是不相干的。基本教义这么认为也无碍，至少，具有醒世的教化功能。

所谓的善缘，就是不断增长智慧、可以加分的因缘。

即便一只穷凶极恶、常常捣蛋、破坏、咬伤人畜的狗，也是个善缘，就像圣人常说的：你要感谢你的敌人。它们不断显示过往在我们内心里存在过的种种恶魔，也许不曾真正地制造伤害，却曾经不断搅动你那平静的内心世界，让你在午夜梦醒时不停地战栗而冒冷汗，它们的极恶相让你猛然觉醒。于是你开始反省，你会想到它们为何如此不受教，原来是我们从来不曾设身处地为它们着想，它们被曲解，被无情的铁链或坚固又狭窄的栅栏所禁锢。如果是个正常人恐怕早已疯狂，它们却只是怒吼，这是非常难能可贵的。一旦我们深刻领悟了它们的“敌意”，接着就反省，不再生气、不再造业，反而生出悲悯之心，于是它让你得以加分，它自然也加分了。

它们结善缘的方式并不是只有做牛做马地伺候人类而已，它们具有作为一个生命体该有的基本素质，这些素质就是大智慧。

狗本身蕴藏的是无私、奉献、宽容、忠诚、活力，永远年轻，以及知命。这每一项都是人类通过宗教、教育才可能塑造出来的。即使人类具备了这些素质，却又常常因为利害、冲突，或是心绪不佳而忘了。

狗不必人类提醒，也没有父母教，其优良素质却在遗传基因中世代相传。

猫是生活的艺术家，它总是知道如何悠闲地过日子。得以悠闲的最大原因是它所求不多，简直可谓清心寡欲。它不奢想当狮子老虎，只想在吃饱饭后找个地方理理毛，把全身舔干净，然后好好打盹。睡饱了，飞檐走壁，逗逗花鸟，跟同类唱唱歌，这边跑跑，那边跳跳。

狗猫给人类的许多启发都是通过身教，这是最大的善缘。

## 猫狗的相处之道

其次的善缘就是提醒人类，物种尽管不断地相互竞争，却是良性的，而不是相互残杀。

许多狗喜欢追猫，人们以为它是要欺凌弱小，其实不然。狗是很羡慕猫的，羡慕它们可以爬到那么高的地方，因为爬得越高，看到的世界就越宽广。它想跟猫讨教，但是性子急了点，边吼边跑地冲上去，让人误以为它要去伤害猫。其实，它们只是很心急地想要追问：千古以来，何以你们可以飞檐走壁，而身为狗儿的我们，再怎么努力跳跃，始终跨不过围墙，上不了屋顶？我完全不讨厌你们，我只是不解与嫉妒……

狗也很爱猫的，尤其是弱小、受伤的猫。它的江湖道义感使它们常常用自己的好办法来帮助猫。

我碰到过许多救猫的狗天使，巴弟就是一例。

和往常一样，主人会在晚上带巴弟出去溜达。一天，它突然使劲挣脱，跳过围墙叼了一只小猫回来，主人吓坏了，赶紧抢了下来，哭哭啼啼地捧着小猫来找我。时值寒冬，我仔细察看小猫，全身都是黏糊糊湿答答的口水，没有任何外伤，只有大量的内出血。如果巴弟要咬死它，根本是轻而易举，然而巴弟没这么做，反而温柔地舔它。它认为舔它可以救活它，却不知道在寒冬里，这样做会让它更快失去温度。

在我替小猫检查时，巴弟十分焦急却又非常镇定地坐在我脚边，很急切地看着我。此后，每次它和主人散步回来一定要进来我的诊所，然后就坐在那只小猫的笼子外，静静地看着小猫跳上跳下地嬉戏，就好像妈妈看着小孩在游乐场里玩耍。

后来小猫没活下来。但巴弟每次进来，还是和往常一样急切地走到笼子旁边四处张望，闻闻嗅嗅，然后垂着尾巴，悻悻然走开。

## 同伴动物的示警法

还有一个故事，也在我之前的书里提过。

在基隆山上，有个失意的父亲成天酗酒，拴在大门旁边的狗不时对他咆哮。有一次他火气一上来，将狗用车载到一小时路程之外的山上丢掉。一星期后，狗回来了。过几天他又把它丢到更远的地方，没多久，它还是设法回来了。

后来，他把它载到中部的山边，将它拴在树下，心想，这样你回不来了吧。未料，几个月后的一个清晨，他推开家门，惊恐地看到狗血淋淋地撞死在围墙下。还没回过神，就看见管区警察急急忙忙走来，说他读初中的儿子刚刚在山下路口被车撞了，伤势很重。

如果狗还活着，也许他的儿子就不会出意外，说不定他出门前跟狗玩一下，就会晚一点点出门，整个事情就会完全不同。

当然，绝大多数人仍然会用“善有善报，恶有恶报”的心态来看这个事件，我倒宁愿从狗的角度来解读。这只老狗可能早已嗅出有异样，它想示警却苦无方法，反而被拳打脚踢，甚至被放逐，不得已之下，只好以身相殉，提出最后的警告。如果主人的小孩发现了，为了告知父母，只要略有耽搁，整个悲剧或许就不会发生，只是狗的警讯终究晚了一步……





## 细心体察，结善缘

近年来，常看到报纸刊载全家人为了躲债而烧炭自杀或是一氧化碳中毒的悲剧新闻，其实这类悲剧发生时，如果有狗猫协助他们逃生，结局就会截然不同。

前文曾提到，疼爱狗猫的人常常会被世俗的眼光批评，认为他们把心力全放在小牲畜的身上实在不像样。然而，从另一个角度想，这些人因为心有所系，心情苦闷时可以抱抱狗猫，尽情倾诉，情绪得以缓和，极端的想法也许就不会出现。即便在外，身心俱疲有了轻生念头，很可能因为放心不下家里的小宝贝而打消这个念头。至于在火灾或天灾突然发生时，这些同伴动物会凭借与生俱来的本能提早示警，以刺激人们产出非常强烈的求生欲，让悲剧得以缓和。

我们喜欢用福气的有无来评价这些悲剧或喜剧的发生，然而从狗猫的角度，它们并不知福为何物，只知道要善尽本分，结善缘。

2005年11月，法国人伊莎贝尔·迪诺尔( Isabelle Dinoire )成为全球首位局部换脸成功的病患。手术后两个月，她首度公开亮相，描述她因为被一条拉布拉多犬咬伤而毁容的恐怖经历。当所有目光都聚焦在这项成功移植的手术上时，几乎没有人注意到成为众矢之的的拉布拉多犬是为什么而咬伤了迪诺尔。据悉，迪诺尔7岁的女儿曾表示，同年五月母亲曾服安眠药自杀，狗是为了叫醒她才用力咬她的脸，不想却导致她严重毁容。

我试着重建现场，这只始终没有露脸的狗，据说是只训练有素的工作犬。有许许多多的工作犬被训练来协助身心有恙的人类，包括大家所熟知的导盲犬，以及能协助有癫痫、糖尿病等病患的狗狗，它们靠那灵敏度为人类600万倍的嗅觉，在主人要发病之前示警，甚至会把主人推到门窗边，让外面的人可以看到，然后向外求援。据闻迪诺尔患有癫痫或糖尿病的宿疾，她服药自杀昏倒在地，狗来不及将她推到门窗边，只好用它唯一能够想到的方式——舔咬来弄醒主人，同时通过哀嚎引起外面人的注意。结果前来的人们误以为狗儿正在伤害主人。主人被送进医院急救，警方认定是狗伤了主人而将它处以安乐死……

狗猫喜欢广结善缘，也想尽本分做善事，身为共修的我们必须细心体察，才能够让它们好好发挥。

# 性本事





谈到性，年轻人眼睛一亮，中年人微笑，老年人傻笑，至于小朋友则是打闹嬉笑。

从字面上来看，左边一个“心”右边一个“生”，意思是由心生出来的。心是念头，是思考，或者就是脑袋瓜子，搭配其他字各有深意，例如懒是“心想耍赖”，忙是“没了心思”，怯是“心里不想去”，怕则是“心中一片空白，不知如何是好”……有心字边的字几乎都落在左，真是高明——一般人及绝大多数的动物，心脏位置都偏左。

“性”由心生，脑袋在管控，荷尔蒙也是要角。没了荷尔蒙，已经阉了的太监还是想搞鬼，那就是脑袋在作怪了，无怪乎人类的性，除了繁衍后代，也惹是生非。

繁衍子孙是动物的唯一心事，它们的性没有人类的复杂，而是很单纯地跟着大地四时运转，诚如生来依赖直觉趋吉避凶，气候与环境适合繁殖了，它们自然地就开始想“性”事。话说远古的人类也拥有类似的天赋，那时人烟稀少，人与人的摩擦少，只要躲过天灾就可以了，完全不必担心人祸。

渐渐地，人类的数量增多了，为了生存，冲突在所难免。人类于是就不得不把心力转移到面对诸多的冲突上，人与人生存空间的冲突，人与大自然的冲突……此外人类开始习惯有电的便利生活，电力因此支撑起整个人类文明，这也产生了许许多多有害的杂讯，严重干扰了脑波的平静和自然运作。这些脑波在不被干扰的情况下，会与大自然的种种磁波相契合。一旦有电波产生的杂讯介入，就会造成异常的脑波运作，影响了宇宙间正常磁波的平衡，当然也就严重干扰了地球之母。



30年前，英国环境科学家詹姆斯·洛夫洛克(James Lovelock)率先提出地球应被视作一个“超级有机体”，拥有自我调控系统，可让整个环境适合万物居住，他将此系统称为盖娅(Gaia，也就是大地之母)。绝大多数人并不知道盖娅这个名词，却也心有灵犀似的有相同的体悟。悟就是“心中的我”，或者称为“我的心”。总之，在地球的各个角落，不约而同地，人们有了相同的想法，从而形成了宝瓶同谋时代，即保护地球之母，这就是人类共同意识要开始进化的启动。

## 当猫狗爱爱时

人类常嘴上说“大地之母”，然而真正感怀在心的，除了保育人士、灵修人士，一般人恐怕从来没有真正体会到这种感觉。反观狗猫与大地之母的联结之深，可从它们没事就趴在地上打盹看出来——全身与地面紧贴，一些轻微的震动，气味的改变，气流、声波的大小远近，乃至磁场的变化，它们都会随时察觉，说得更直接一些，毕竟在它们繁殖后代时，是大地之母提供了食物与演化的机会。

动物的性，通常是雌性主动，性周期间隔比人类长，狗是一年两个周期。周期开始时，会散发费洛蒙与血腥的味道，以吸引雄性的注意。母狗发情约持续两周时间，接近尾声时才排卵，主动去寻找精子，也只有这时候才会接纳公狗，大约三天。此外的时间，它是完全不给公狗碰的，因为碰了也没用。

公狗纯属精子供应者，满了就会流掉。流出来的过程应该蛮舒服的，这时，它们会找东西来磨蹭，主人的腿玩具或布料等，或是其他比它弱小的动物，好将满格的精液排放掉。

骑在别的狗身上不一定是交配动作，也可能是雄性权威的展现。母狗也会有这种动作，例如卵巢激素失调时，就会骑到别的狗身上。

母狗接受公狗常常是迫不得已，因为很痛，毫无快感可言。公狗的阴茎中段有个球体突起，兴奋时会胀得很大，目的就是用来卡在阴道里，以确保精液不会漏掉。只是当阴茎插入之后的一分半钟就已经射精完毕，却要等到整根消退了才能脱身，这过程得花二三十分钟，所以读者如果看到街头或野外，两只狗的屁股黏在一起，可怜可怜它们吧，不要因为害臊而驱赶它们，它们一定很难受，有时也有为此去挂急诊的。

猫的性周期在寒带和温带大约一年两次，到了亚热带，常常是一年三四次，甚至一个月两次。母猫只要一接触公猫就开始排卵，公猫的阴茎非常小，大约4厘米，平时缩在包皮里，从表面是看不见的，别以为老虎狮子那么大块头，只要是猫科动物都是这个长相，而且都是快枪侠。

狗随体型大小不同，产子数可从一两只到十几只；母狗有10个乳房，在怀孕后期就开始膨胀。猫的体重差不多在4千克上下，虽然也有10个乳房，常常只有四五个会膨胀，因而产子数也都在4个左右。

狗猫的怀孕期大约两个月，小狗小猫一个月大断奶，两个月大就可以离开妈妈。但通常越晚越好，这样它们就可以跟着妈妈成长，学到更多的东西，而且妈妈教导永远比人类好，都是它们身为狗猫必须会的生活技巧。

现在的宠物市场常常把刚满月的小狗拿出来卖，这些完全没有经历狗世界的社会化过程、伴随人类长大的狗，常常不知道自己是只狗，加之又是被捧在手掌心养大的，与屋子外的世界完全隔绝，以至于狗不像狗，甚至沾惹上人的一些陋习，狗仗人势而讨厌其他的狗，这种情形同样会发生在许许多多母乳没有吃够就被迫与母猫分离的小猫身上，或是被恶意丢弃的流浪幼猫身上。



## “自然”最重要

狗猫并不喜欢性，对于怀孕生子反而十分焦虑，虽说是天职，却没有三姑六婆可以给予指导、协助，一切都得自己来，甚至还得进行“适者生存”的筛选工作。不够强壮的小狗小猫，母狗母猫会放弃它们，以便节省奶水。即使经过筛选了，奶水仍会越来越不足，因为小狗小猫长得很快，越大吃得越多。

此外，猫狗的焦虑紧张是源于远古的记忆，那时的它们除了喂奶也得离巢去觅食，幼犬幼猫很容易被别的野兽叼走，所以母狗母猫有时会有非常强烈的护子行为，甚至连主人也防，更不用说家里的其他动物。

在户外生产的母狗母猫每天紧张兮兮的，一旦巢穴被发现或者嗅出危险的讯息，就开始搬家。然而一次只能叼一只，藏好了，再紧张兮兮地赶回来。有时候，小狗小猫饿了找不到妈妈，跌跌撞撞爬出来，被有爱心的人们发现，误以为是被抛弃的流浪狗流浪猫而捡了回家，母狗母猫回来找不到，只好认命了。

每次碰到人们主动捡拾小弃猫，我就忍不住想大声呼吁，我们的不忍心很可能会破坏自然生态的平衡，这里头是大有学问的。

泌乳期的母猫为了有足够的奶水必须出外觅食，以致无法全天守候着小猫。这时，如果小猫正好被人捡走了，或者好心人只是单纯用手把它们抱起来，摆到安全的地方。等母猫回来找到它们，在它们身上闻到人类的异味，就会认为这不是自己的小孩，也就不要它们了。

生长在户外的母猫没有打过任何预防针，加上奶水有限，必须严格筛选，只要觉得不易养活的、可能有先天疾病的，抑或沾染了人类异味的，它们就会弃养。

小狗小猫逐渐长大了，必须离开母亲去自立，否则留在家里就会为食物而竞争，同时难保不会“乱伦”。动物自知不可“乱伦”，可是没得选择时只好将就。血缘太近，许多劣质的基因就会占上风，一些遗传性疾病就会不断出现。反观有些人类就是要反自然之道而行，特意培育出许多非常可爱、“血统”很纯的小狗小猫，好高价出售。为了保持血统纯正，只好近亲繁殖。血统越纯，基因库就越小，基因库小，遗传上可以做的选择就少了。许多比较差的基因也因此被保留下来。这种被迫的演化就是退化，接下来就是整个种群的消失。演化的过程受到太多的人为干预，大多不是好事，没有好结果。

性是演化的必要手段，却必须遵循自然规律。

## 化繁为简，存活第一

当然，狗猫是不会消失的，只要有人类在，它们就有生存的一席之地，因为它们可以说是动物界里的资优生。

以修行的角度看，性十分自然，就像太阳每天升起、降落般自然。然而，性不是灵性提升的全部，只是生命中的一小部分，由心而生，同样也会随心而灭。有生有灭，本来就是大自然的定律。

许多动物少了性的烦恼，反而活得更快活自在，可以在其他方面好好发挥。因而，我们看到许多狗成为工作犬、辅助犬来填补人类才能的缺口。所有的工作犬、辅助犬都得先进行绝育手术，否则工作时就无法专心，当然也就不能称职。

读者如果看过“动物星球频道”，一定会看到许多具有特殊技能的狗狗会当导游、会嗅炸弹、会嗅出油气管路哪儿有漏洞、会找出有病的蜜蜂幼虫、会嗅出已经腐朽的电线杆。但很遗憾的是，你永远找不到这些优秀犬的后代，因为它们早已被结扎了。

即使你的同伴动物没有上述这些“特异技能”，它还是会有特殊贡献的。

曾经有个主人告诉过我这样一段故事：她有抑郁症，常常想自杀，每当她蹲在围墙上，很冲动地想往下跳时，她的狗就会守在那儿，很镇定地看着她，伸出前脚轻轻拍拍她。每当这时她就会放弃自杀的念头，跳下来抱着狗狗哭，还频频道歉。

狗没有复杂的思维，不容易被人类情绪的起伏所左右。当人们失心狂乱的时候，它一点也不慌乱，它可能无法救赎，却会善尽本分，而这里面还有个重要的生物因素——“如果主人死了，那我的食物就没了！”它们化繁为简，一切以活下来为最优先的选择，没有比活着更重要了。人类常常会用复杂而扭曲的思维来认定它们这些简单的判断是低下的，读者或许有些不解：食物真那么重要吗？没错，释迦牟尼尚未证道时，也曾学古印度修行者绝食苦修，最后弄得身如槁木，干干瘪瘪的，结果他母亲自天上下来告诫他，没有身体又如何继续修行。当下，释迦牟尼领悟而喝了牧羊人奉上的乳糜。这是日本本愿寺所发行的卡通“佛典物语”中所提到的。如果，2500多年前，他继续走那条苦修之路，今天的世界可能更是颓唐而无望。

所以，除了性以外，狗猫的本事可多了。

【编注】宝瓶同谋，出自玛丽琳·弗格森( Marilyn Feguson )所写的一篇社论《无以名之的运动》。她提到，这个时代的精神又实际又超越，重视启蒙、权力、依赖，也重视神秘、谦卑、个人主义。这种精神表现出来的特性是，凡是运作流畅的组织都不再制造阶级，也反对教条。弗格森女士认为这股人心所向的心灵变革运动可说是一种同谋( conspiracy )。为了彰显这种亲密结合的本质，她用了“宝瓶的”( aquarian )这个词来形容，期待在黑暗、暴戾的双鱼时代之后，是一个理性、祥和的宝瓶时代的来临。

就像登山客，
辛辛苦苦登顶并欣赏了壮阔山景后，
只有往下走一条路。
生命也是如此，精彩或平凡一生，
身体总有使用年限，
用久了就锈了、钝了，迟早会被淘汰。
猫狗的年龄约是人类的七分之一，
换算下来，到了八岁左右，
正好是人类的壮年期，
此后，就开始走下坡路，
而这时的它们最需要你我的协助。

# 上山下山说





爬山的人，到了山顶就得开始下山。因为，山顶不是家，无法久留。

每个人都得回家，金窝银窝，不如自家的狗窝。回到家，你才是你，没有武装，没有虚伪，自由自在。

生命就是这样，从老家出发去爬山，最后，筋疲力尽地回家，背囊装了一堆待洗衣物，相机里装了无数美景，脑袋里则是无尽的回忆。

途中，你也许曾在山腰扎营避风雪、过夜，但那只是一个暂时歇脚的窝，沿路上好几个窝，却都不如老家的那个“狗窝”。

人过中年，除了生活历练与智慧是逐日累积之外，一切都开始走下坡，就如同爬山客登顶了就得下山。下山，离开山中秀丽的日出日落，翻腾的云海，无声无息的空寂，回到车水马龙的都市生活。

所谓上山容易下山难，下山之难，难在心境。心境太轻松了，可能就踏不稳，很容易一失足成千古恨。越接近尾声，越要小心谨慎，因为爱爬山的人绝不会就爬这么一次，一定会再爬下座山，爬到体力无法承受为止。精于爬山的人，即使已经下山，依然小心翼翼，不愿意因为小小的疏忽而受伤。下山后就开始为下一次的登山做准备，因为，结束的那个点，正是重新开始的那个点。

人的一生就像在爬山，动物当然也一样，其生命的终极目标，就是在山顶的逍遥自在。逍遥自在不是那么艰难，也就在一念之间。而真正的慈悲心，就是让生命不论你我，不论何种有情众生，都得以解脱，从此无限逍遥。当这个念头起来时，你已成功了一半，要记得：老化是必然的，肉体是有限的，生命却可以无垠。





## 年纪大，机能自然衰退

狗猫在8个月到1岁之间就到达了可以繁殖后代的时期，到了8岁左右，正是人类的壮年期，此后，就开始走下坡路。

猫狗普遍容易犯的毛病就是关节退化，而最常发生的部位就在脊椎。因为它们四脚着地，跑、跳、爬的时候牵动脊椎的相互碰撞。当脊椎之间的椎间盘开始钙化而逐渐丧失钢珠般的协调功能时，硬化的椎间盘因为挤压而往上突，不易归位，结果就会压迫到脊髓。脊髓是脑神经往下的延伸，受到挤压而导致脑脊髓液的循环受阻，于是渐渐丧失往下传递神经信息的功能，接着往下肢体容易僵硬麻痹，而它所管控的内脏运作也会受阻。

当椎间盘往上突出之后，两个椎体更容易碰撞而受伤，这时身体会自动修补，就像砖块破了一角而填补。可是一再碰撞填补，就会出现犹如玫瑰花刺状的刺，称之骨刺。严重的时候，两块椎体之间会形成拱桥一般的骨刺，而且常常不只一处，愈老会愈多。许多忍耐力超强的狗不会显现痛楚，只是不愿再跳跃、爬楼梯、走远路。只有在十分严重时，才会出现后躯麻痹、便秘、小便困难等症状。许多老狗夜里漏尿就是这个原因，因为它没有感觉到膀胱已满，一翻身就会挤压膀胱，尿就被挤出来了。

## 检查小毛病，自有解决道

此外，狗猫对于身体的故障当然会心惊，但却跟绝大多数的人不一样。许多人对于小毛病，尤其是牙齿方面总是大而化之，不肯立即处理。然而，动物的态度与做法不同。它们会检查这个小毛病，设法处理。狗猫的肚子不舒服时，会设法去找草吃，倒不是找有疗效的草药，而是借着大量的植物纤维来刺激胃肠蠕动，通常是通过呕吐把不干净的食物吐出来，或者促使不易排出的粪便一股脑儿排出去。就像人类喝醉了很不舒服，会用手指抠喉咙来引吐，吐完了就能舒服些。人类是直立的，比较不易呕吐，然而狗猫的消化道平行于地面，呕吐相对较容易，有时候吐完了，睡个觉，醒来就又好了。只是，呕吐是件很糟糕的事，因为胃的内容物是酸性的，吐出来很容易伤到食道、喉咙。唯一的例外是，狗猫在哺育幼崽时，去外面觅食回来，会把消化了一半的食物吐出来给幼崽吃，这种吐是母性的光辉，不可和病混为一谈。

牙结石与牙周炎在狗猫里十分普遍，这恐怕是它们的宿命，因为它们的牙齿全是互相交错的，牙齿的尖与尖无法对叠，因而会滑开。用人类牙科的标准来看，天底下所有的狗猫都是咬牙不正的。加上犬牙与大小臼齿容易相互摩擦，结果，摩擦面不易长结石，摩擦不到的那一面则非常容易出现结石。此外，狗猫不会像人类一样天天刷牙，因此食用干饲料是比较好的选择，就仿佛天天给它用饲料做牙齿保健。干饲料是将大豆、玉米、谷类等磨碎所制成，咬碎就成为砂状，食用时顺便可以摩擦牙齿表面，也就不容易残留在牙缝。

至于人见人怕的癌症，其实就是某些细胞异常快速发育分裂，大量繁殖。它们原本是正常的细胞，所以病理医师可以从切片中判定它们来自哪些器官或是哪些组织。

狗猫罹患癌症的原理跟人类很像，但是结果与命运却大不同。一方面因为狗猫的生命周期短，在癌症开始大肆破坏时，它们很可能因为肝肾心肺功能已经老化而准备跟我们道别；另一方面则是多胎的繁殖方式，基因的排列组合比较多样，比较差的基因组合通常会通过人为的干预而淘汰，或是通过母狗母猫在泌乳期的筛选而淘汰。





## 当它们开始走下坡路

其实，同伴动物们并不怕走下坡路，只是跟人类一样有些挫折感，为什么从前爬楼梯不费劲，现在却有些吃力；为什么从前桌椅、床铺、沙发可以一跃而上，现在却不行……这时的它们最需要你我的协助，我们必须在它们回头看着我们的时候，清楚地捕捉到它们的挫折感，随时支援，不要习惯性地骂它们懒，因为它们是真的力不从心，它们从来不曾有一丝丝偷懒的念头。此外，也因为它们完全不知道下座山在哪里，我们必须帮助它们，让它们知道如何休养生息，之后再开始去爬下一座充满智慧的灵山。

这时，同伴动物们的身体机能开始变差。就像一部车，开了八九年，尽管天天擦拭，外观保持得十分亮丽，其内部的结构如橡胶、电路、金属都可能已经开始老化磨损，这些是肉眼无法从外观上看到的。常常一进“修车厂”，钞票就得大把大把地花。

狗老了，走路不再那么快，上下楼梯开始吃力，有时会停下来望着你，希望你帮助它。从前，每当你回家，它会高兴地又叫又跳，这时或者猛摇尾巴，钻来钻去地磨蹭你，或者仰躺着要你帮它搔痒。

从前一跃就上床、上椅子，现在多了预备动作，后退几步，小助跑后才能勉强跳上去。甚至想上床时，前脚搭在床边求助，因为它们再也跳不上去了；吃东西的速度慢了下来，硬的东西咬不动；毛色改变，浅色变深，深色变浅，尤其以头部变化最为明显。如果一直都有平衡而充足的营养，全身的毛色还是会透着光泽。

慢慢地，睡眠的时间增长，听觉也迟钝了起来，视力慢慢变差。这种状态跟退休多年的老人很像，常常在看电视的时候，看着看着就开始打瞌睡。这种退化状态有点像在冬眠。因为消化、吸收与免疫力都在退化，身体为了维持运转就会减少许多功能，甚至连警惕心都放缓了。

猫老了，跳上跳下的时候会变少了，有时会分段跳跃，譬如窗台、围墙，从前是一跃而上，这时得垫个箱子；清理被毛的动作也减少了，越来越少走过来对你撒娇。至于睡眠时间差别不大，因为猫本来就很会修身养性，而且常常睡得很沉。

我们不妨逆向思考，视觉模糊了，或许这样就可以眼不见为净呀。就像有了老花眼，看近不成，看远很清楚，也可以想成：嗯，越来越有“远见”了；听觉差了，耳根可保持清静哩。

老人很怕被人说老，因为那仿佛是米虫，没什么用处的代名词。所以，尽量不要有事没事看着自己的狗猫说：你老了。我们总以为它们听不懂，其实，它们也许听不懂闲言闲语，却可以用嗅觉来感知。

人类的喜怒哀乐会散发出不同的味道，同伴动物们对此十分有经验，甚至不需要以音调的变化来判断。别忘了，狗猫是靠嗅觉来过日子的。它们的嗅觉永远不会退化。最简单的例子就是，每当你开门进来，年轻时，它们会先吠，然后凑过来嗅半天，确定是你。老了以后，它们依旧沉睡而不来迎门，当你轻轻地抚摸它把它吵醒时，它们会猛然抬头，闻闻你的手，确定是你，立刻猛摇尾巴表示欢迎你回家，然后很深情地不断舔你。老猫的尾巴常常传达出不同的信息，不像狗那么直接，它可能竖起尾巴，只有尾尖轻轻地摇几下，有点酷，却还是表示欢迎。



## 有信仰，心安定



家有老狗老猫是我们的福气，表示家里的环境、磁场，以及我们给予的照料都不错，我们得开始为这些伴读的书童做些准备。

首先用感恩的心常常给予鼓励，就像爱惜一辆古董老爷车一般，也许它的行为会有些返老还童，或是白天睡饱了，夜里来精神，要人类多摸摸它，甚至陪它玩。跟狗猫说话，一定要抬起它的头，用你的鼻子碰它的鼻子，眼睛盯着它的眼睛，手轻轻抚摸它的头顶。头顶是潜意识区，即使用心念配合抚摸，它们也可以感受到。

其次是让它跟随你的信仰，让它的心灵有坚实的靠山。

养狗猫的人一定要有信仰，这是我的建议，你完全无疑的信任，才可能真正帮助到你的同伴动物，因为信仰可以宽解无名的压力，让我们以更真心地祝祷，诚挚地希望它的未来比现在好，至少下辈子可以说人话，甚至不必再投胎转世。轮回很辛苦，当人当狗当猫一样的辛苦。

如果真的没有宗教信仰，那就信仰真善美吧！相信真心，相信善良，相信纯美。它们的轮回自有定数，有宗教信仰的人可以帮它提升未来所处的层次，没有的人可以诚心诚意地祝祷它去它该去的地方。切忌手忙脚乱、痛哭、胡言乱语，这样的话它反而不知该往何处去。

狗猫对于你给它的信仰指引深信不疑，照单全收，它们自始至终就是那么深情。

我很喜欢看宗教给动物赐福的仪式，有些天主教地区可以看到神父为教徒们的动物赐福，也有佛教的信众为他们的动物皈依，这是人性最极致的表现，因为大家都是地球上的居民。

狗猫也需要宗教垂怜，就像你每天都得摸摸它们、抱抱它们那么必要。它们来这一趟，脚本里一定有这一项：寻找信仰的慰藉，寻找有信仰的家庭，如果没有，它会设法让主人感到需要信仰，用它那短暂的生命来见证。因为它们不能用人言人语的肉身来修行进化，这已经十分艰难。相形之下，看懂经文、可以诵经、受洗、皈依的人类，却丝毫没有任何觉悟，实在太可惜了。

这样说来，老狗老猫不单需要我们好好照顾，还要多给它们鼓励与祝福，因为它们始终尽职尽责地扮演好这一路来的伴读角色，就是提醒我们：活到老学到老。

# 病

同伴动物们的生命历程是浓缩版的，
当然也有所谓的身、心、灵，
或因衰老或因先天不良都会造成身心的脆弱，
把身的这三分之一照顾好，
好好地跟它们的心——另外三分之一对话，
其余的三分之一——它们的灵，
就交给上苍吧！

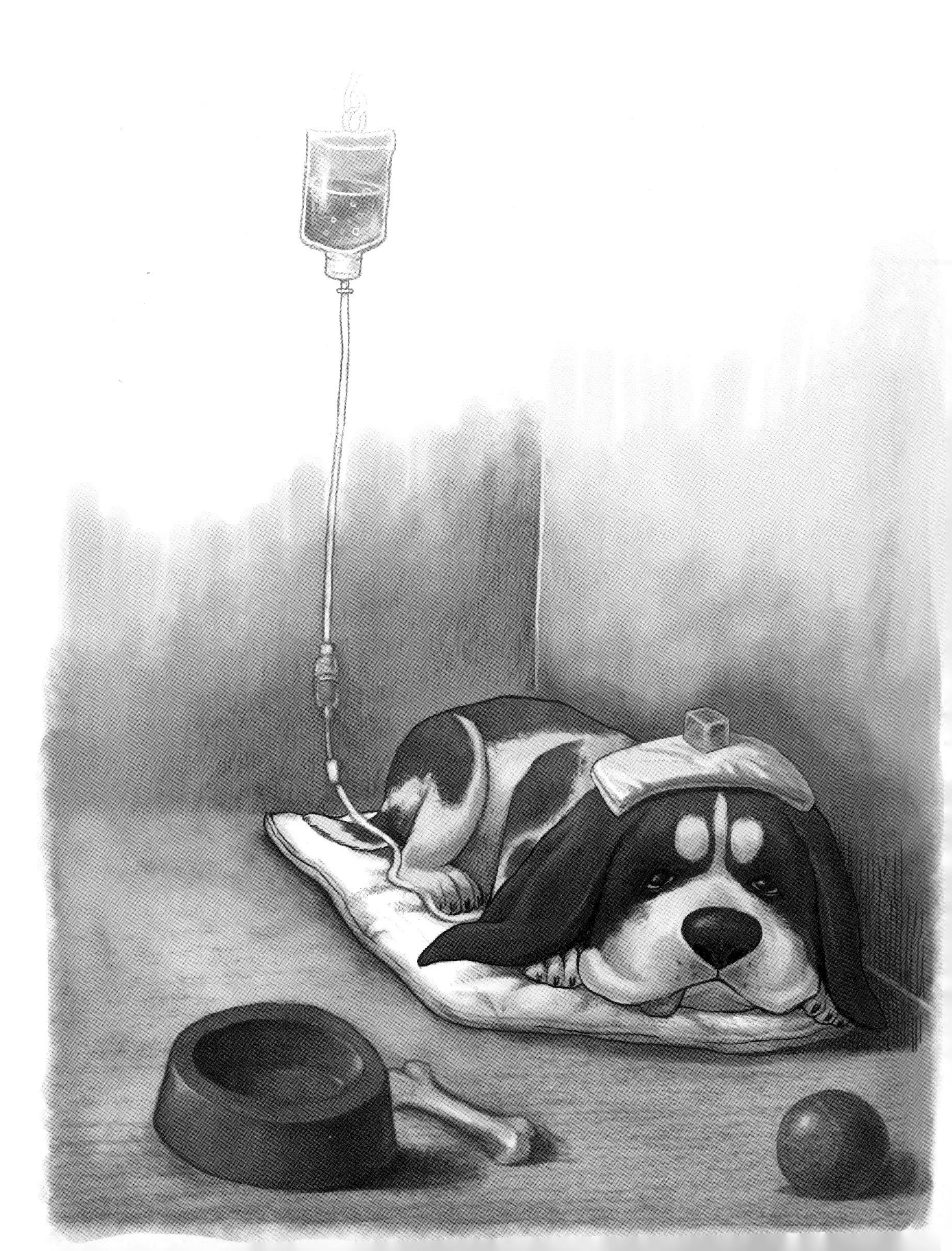

# 疾病的真相





疾病是什么？

我们常说地球生病了，因为臭氧层破了洞、冰川融化了、原始森林的面积越来越小、厄尔尼诺现象开启……但都说得不痛不痒。除非，你将心比心地把地球想像成一个人、一只狗、一只猫，否则，你永远无法真切地感受地球所生的病。

自古以来，地球曾经有过好几次的冰河期，这个时期很像“成住坏空”的“空”。当地球遭受巨大陨石的撞击，臭氧层完全消失时，没有了大气层，当然也没有了氧气与二氧化碳，地球上的动植物就只能灭绝。但是灭绝不是永久的，就像“成住坏空”不断循环，起起又落落。

地球旋转的轴线，自古以来一直都在摇摆，寒带、热带曾经交替出现。在北极附近找到过长毛象，很古老的大象，考古学家也在当今的非洲挖掘出长毛象，显然，南北两极曾经有过大变动。而地震、海啸其实是地球在“打摆子”，当她精神不振时，抖抖身子，耸耸肩，为的是恢复元气。

当地球最初有生命现象出现时，植物先产生，之后才有动物。植物与动物的最大差别就是植物把氧气当废物排出，而动物则把氧气当宝贝吸收进来。植物为了不绝种，拼命排出氧气，让其他的植物无法生存。这时动物出现了，把氧气这些垃圾当作宝贝，结果植物之间的竞争，反而造就了动物的繁衍。

身体是个小宇宙，其变化跟大宇宙是相似的，若用放大到极致的角度来看我们的身体，红细胞可比喻成地球，身体便成了浩瀚的宇宙。再将单一细胞放大上百万倍，可以看到许多原子、分子在其中，细胞又成了大宇宙。





把地球当成一个人，人类与动物大概只是一个个的细胞，或者是一个个的细菌，细菌有好有坏，不伤人的就是好菌，让人生病就是坏菌。

生理上的病跟物理与化学现象脱不了关系。例如发生车祸，造成骨折、内脏破裂、皮开肉绽、大量出血等，是物理性变化；病毒细菌等病原体侵入，使我们感冒、得肝炎、皮肤上长癣，使正常细胞受损、丧失功能等，则是化学的变化。简而言之，生病就是生命体的“身”在做调整。

## 医生就像修车师傅

虽说演化是各个物种各自的进化或退化，狗猫和人类同属哺乳类，有类似的构造、类似的食物、类似的生活环境，身体机制发生障碍的情形是完全相同的。

狗猫的生病循着十分简单的轨迹出现，因为它们的身体跟一部没有思考能力的汽车很像，生病就像车子出状况。

汽车都靠能源来启动，构造比较复杂，有油路、电线管路，有引擎、电瓶，也有马达。既然是机械，总有磨损的一天。线路是金属加塑料与橡胶制成的，金属会磨损腐蚀，塑料会硬化、裂解、粉碎。橡胶则会弹性疲乏。电瓶是动力来源，但也有一定的寿命，当化学反应到达极限时，正负离子不再互通，它就停止工作。

狗猫的身体跟汽车很像的地方就是，寿命总在十年上下。

我常说医院跟修车厂很像，医生跟修车师傅没两样。我们可以修理、换零件，使得车子又可以上路。但是，我们不是汽车制造厂，不会造新车，只能尽量让车子能用、跑得动，要让它跟新车一样，至少现在是办不到的。

我相信很多人都有修车的经验，当然也有上医院的经验，这个比喻有点残酷，却是事实。

# 修一门故障学分





机器运转不灵光，甚至转不动了，就是故障。

身体运转不灵光，就是病了。生命有身、心、灵三部分，许多人相信，人会生病是因为灵有些不满意。可是当你身体很健康的时候，常常就会忽略了心与灵的存在，因而导致生命的进化停滞。

进化需要开窍，开窍常常缺少临门一脚，生病则正是这临门一脚。这种例子不胜枚举，看看有多少人在大病乃至鬼门关前走一遭之后，人生观发生巨大转变，开始努力投身于公益。

这里头当然也有因果论，因果论也在进化，就像世间宗教也在进化，然而其中只有佛教的进化最明显。自从西进欧美，佛教进步到“人间佛教”，甚至成为“佛学”，而不再只深藏于宫廷、寺院里，或只存在于经典之中。如果你知道的因果只是“善有善报，恶有恶报，不是不报，时日未到”，恐怕就是井底之蛙了。

## 生病，让身体喘口气

所有宗教的存在，第一要旨就是告诉人们，活着是很珍贵的，要很宽慰、很自在地活着，因为，很快生命就会慢慢消失，而且这一结束不知何时才能重新开始。

所谓的灵就是指导灵，或称之为守护天使，每个人都有。他们都是十分善良、充满智慧的智者，在西方常称之守护神或守护天使。很像去驾校学开车一般，驾驶老师或教练常常就坐在你旁边，或者他会让你自己驾驶，而在车外看护着你。这些教练也许脾气大点，嗓门大一点，却很容忍地让你在不断的尝试中学到教训，绝不会害你，何况，你还是他的责任。

他在哪里？为什么你看不到？

他可能在某个次元喝茶看报聊天，或者参加聚会，或者正在进修博士后。老人不是常说“人在做，天在看”吗，他或许此刻不在你身边，然而不管多远，他都会在专属于你的荧幕上看着你。他们秉着孔夫子所说的“钟不敲不响”，你从来不知道他的存在，他也并不在意。但是如果你诚心诚意地呼唤他，他就会来见你，因为你是他的责任，你的表现对他也同样有“加分或扣分”的影响。

所以，当他觉得你脱离你原先的脚本太远了，他就会出现。如果你按着脚本的大纲演，甚至演得比脚本还精彩，他自然也乐得轻松。

他的任务就是当保姆来提升你的进化层次，如果你演得荒腔走板，他实在看不下去了就会叫停，重新来过。如果你演得太好了，他已经无法引导你，就会去找更高层次的引导者来帮忙，这个新的引导者可能比原来的引导者拥有更多的“博士学位”。

身体运转不灵，生病了，就像在舞台上演着演着，导演突然叫停。也许你演得不好，或者依你的才华你可以演得更好，而不必完全照着脚本来。这个叫停，正好让你喘口气、擦擦汗、静下来好好地想一想。

## 病痛中，清醒学习





在很小的时候，我体弱多病，只大我几岁的舅舅们常常说我是豆腐，轻轻一捏就碎了。每每带我出去玩，回来就感冒生病，总害得他们被外公外婆骂。

我清楚记得那种病情刚刚要开始好转的感觉，心非常平静、柔软。眼睛眯着，看到的熟悉景观变得很远很远，就好像将望远镜倒过来看世界一样。

那种清静的感觉，很像自行车上了润滑油，骑起来非常清爽，再也没有恼人的吱吱嘎嘎声。

小时候不断地生病，每次的体会都一样。病恹恹地根本无法行走，母亲就会背着我去看医生。那时候我学会的道理是：亲情是远超越所有智慧的，亲情里包括了善、爱、无畏，是进化的必要，是生命中良好素质的基础，没有亲情就不会有生命的延续。

当然，小时候我也是服膺“善恶有报”的井底蛙一员。奇妙的是，40

岁生日那天夜晚，我突然想起小时候害哥哥被父亲误会而处罚的事，我诚挚地在心底跟他们道歉。那个夜晚雾气很重，我道歉完来到屋外，朝四方拜了拜之后，一夜好眠。

想起孔夫子所说："吾十有五而志于学，三十而立，四十而不惑，五十而知天命，六十而耳顺，七十而从心所欲，不逾矩。"这真是生命轨迹的精髓啊。道歉、忏悔，常常就是感恩的开始。一旦学会了感恩，你的引导者立刻开怀大笑，因为他可以轻松了，当然，他也不会就此撒手不管，而是会用比较轻松的眼神看着你不再受困于太过简化的因果相报的僵化信条之下，看着你因此开了智慧，更要看着你如何在病痛中学习。

生病就是让人痛苦，因为痛苦才会清醒。所以，许多痛苦的状态跟生病是相同的。别以为生病只是肉体的故障，你的心碰到了瓶颈也会痛，心头的痛常常比肉体的痛更叫人难受，因为，它不会轻易消失。也因为它不容易消失，只要你懂得去转变，它就是你进化的动力。





## 因病，心更宽

病痛本身除了业障报应之外，更是你的功课，从学习的角度来看，这种机会得来不易。就像医学生毕业之前会被要求练习当病人，躺在病床上被抽血检察，被这边听听那边敲敲，亲身去体会当病人的身心状态。

病痛有千万种，不论中西医，医书都是那么厚厚的一本本。而世上没有人是不曾生病的，就像学生得面对种种大大小小的考试。参加考试得事先下功夫，上课用心，下课温习，小病是小考，大病是大考，而严重的病就像证照考。

许多人通过了病痛的考验，心智大开，懂得了将心比心的智慧。于是，你会看到许许多多曾经经受病痛的过来人成立病友会，把自己的心路历程给那些有相同病症而心慌意乱的人倾囊相告，让他们产生信心，激发他们活下去的勇气，常常就这么带领许多伤痛者走出阴霾。

当然，未必每个人一定要经历痛楚，才能心领神会，产生助力。

有位主人脸色深暗，看完她的狗儿，我直白地说："你有病哟。"她的眼眶马上湿了起来，原来，医生说她的乳房有硬块，必须进一步检查。因此，她心头乱得很。

我云淡风轻地告诉她："你死不了，因为这正是你此生的必修课。"我告诉她，我知道有一些人得了乳癌现在依旧活得很快乐，还到病房去当义工，协助那些被病痛折磨的、快撑不下去的人慢慢挨过来。

消失了好一阵子之后，酷酷的她，应该说满面荣光的她又出现了，她已经好了。原来，她被我一激，深深吸口气，决心跟那个硬块战斗到底。切片出来，发现是肿瘤。她默默地接受了，却并未服输，开始改变作息习惯，改善饮食。几年后，例行复查，那些硬块居然不见了。

还有位名主播把病当宠物养，大家和平共处，依旧十分快乐地过着每一天。移民加拿大后也若无其事地继续发挥媒体专长，日后再回到台湾，继续正常上班，而今，病魔仍然没有把她击垮。

## 转个念头，不过是一门课

有句话说"真病没药医，药医不死病"，意思是真正的病、真正的故障，那是没药可医的，就别指望了，而死不了的病才有药医。也就是说，只不过是汽车无法发动的故障，也许换个火花塞，清清化油器，把电瓶重新充满电，或者换个新电池又可以发动，甚至可以再跑好几年。

所以，如果这个故障是整个支离破碎，大罗天仙也救不了，那就别奢想了。也许时限到了，也许没演好，重新再来吧，时间多的是。

然而，有许多人的病都是想出来的，例如有些人看着报刊媒体甚至网络上谈论的一些病，立刻疑心病起，觉得自己可能中招了。许多高明的医生看穿了这点，给你开些维生素之类的安慰剂，如果你认为那是灵丹妙药，那它自然就会把你的心病治好，就因为你的全然相信。

台湾人常常说“先生缘，主人福”，跟医生有缘，病情就会改善许多。同样的毛病，同样的医生，同样的医疗方式，在不同的人身上，疗效不尽相同。其实，医者艺也，这是一门很高深的艺术。

古时候，巫、医、僧三位一体，也就是说古之医者、巫师、僧侣常常扮演相同的角色，就是整治三位一体的身、心、灵。

所以，如果你深信病痛是业障，是因果报应，这可能不假。但是，如果你心念一转，不过就是一种鞭策，不过就是一门功课，那你就迈向进化提升之路了。

# 三三定律





动物的病又是如何产生的呢？没那么拐弯抹角，不过就是真实的表现，是让你可以沉下心来思考的好机会。

在狗猫的身上，我体会出一个规律，姑且就称之为三三定律，正好对应身、心、灵。

三三定律就是三个三分之一。第一个三分之一是身，就是狗猫的肉身形体，平时靠平衡的饮食与预防针等来保健。当它生病时，所给予的医疗照顾都在这三分之一里头。

第二个三分之一是心，也就是它们的意志力与想法。狗猫的生命力很强，天生懂得趋吉避凶，懂得如何照顾自己，如何逃命，如何想尽办法活下来。当然它们也会担心，倒不是担心自己，而是担心主人一家，在它们的心里，我们既是它们的衣食父母，也是它们的“宠物”，它们总把守护、照料我们当成它们的天职。看到这，许多人赞同狗体贴，但是猫，恐怕就不解了。其实，猫的表达方式比较含蓄，它们不像狗那么热情，只要你用心点，一定可以体会到。猫有自己的想法，我们无法控制它。我们常常看见狗随着口令而行动，却很少看到猫也能如此。这种区别对于人们正是一种启示，因为人们总是希望别人听我说，赞同我的想法，了解我。我们常常忘了，别人也有他们的想法、他们的观点，结果常常是刺猬碰到刺猬。所以，与猫接触过的人就会理解，要跟猫好好相处，我们就必须放下身段，放弃成见，因为猫的一切表现看似无情却有情。我们常常误以为它们无情又十分的自我，却又不时可以听到它们的真情事迹。

举个我们家的例子来说明猫那无法捉摸却深情依然的本性。

平时跟着孩子们上下学而准时离家回家的咪咪(我叫它“蜜米”)，吃饭要人陪，吃两口又走开。它随时想出门，不达目的誓不罢休。即便天寒地冻的深夜，它想出门巡视它的管辖区，我也只好顺着它。它想睡哪就睡哪，完全没有固定的地方，书架、衣橱、报纸堆、沙发、窗台，甚至它想喝哪里的水，茶杯里的、水栽盆景的底盘里的、漱口杯里的、马桶里的，都随它高兴。甚至有时急着要出门，结果只是想喝屋檐下那脏脏的积水。

有一天，小儿子受伤回来，哭哭啼啼地让我替他上药清理伤口。这时，蜜米不知从哪里冒出来，坐在他身边静静靠着他。没有热情的拥抱与舌吻，只有怜惜的默默鼓励。就在那时，我看见了它“深情以对”的独特自我。

其实，人们最无法宽容相待的就是每个人独特的自我，我以为它应该是这样、那样，然而它却又常常脱轨演出。自我有无限的可能，也有种种的不能。孟子就说过，求其放心而已，孟子的心绪常常也是天马行空，为了拴得住那颗心，费了很大的劲。

既然拴不住，那就放它自由飞翔，等它累了，自然倦鸟知归。有时放空之后，它反而静静地停驻。这就是从猫的身上我们可以体悟到的照见自我。

第三个三分之一就是灵，也可以说是老天爷操之在手的，或者就是无法掌控的许多未知因素。套句球场上常听到的名言：球是圆的，胜负不尽然与实力有绝对的关系。





## 不畏惧，与疾病共处

这个三三定律如果应用在人的身上，其实是完全相通的。有许多癌症病人我们如果能够给予同样的治疗和照顾，即家人与医生已充分做好三分之一，如果病人自己毫不畏惧，全盘接受生病这个事实，不去想别的，则又多了三分之一的胜算，偏偏这个三分之一是最困难的部分，因为有许多人会想，怎么是我？我怎么这么衰？我们家的风水不好吗？我很虔诚拜神，神明为何没有保佑我？甚至认为这是世界末日的到来……唯有不畏惧的人，心放宽了，情绪稳定了，心性觉悟了，完全配合治疗，也珍惜每天的到来。当他的心念一直在正向提升，免疫系统也会更加努力，则稳定好转的机会远高于那些情绪早已崩溃的病人。这时他已拥有真实的三分之二胜算，那剩下的三分之一必然在冥冥之中有所调整。这三分之一，就是你的指导灵观察你的表现而决定要如何给你加分，让你过关。与此同时，他也必定给你新的功课。

我曾经看过一个新闻报道，有位妇人知道自己得了癌症后并没有自怨自艾，反而冷静反省，她发现自己年轻时为了家庭毫无保留地付出，完全忽略了要多爱惜自己，因而养出这个“坏小孩”。她把癌症当坏小孩的想法令人赞赏，她依旧正常过日子，开始注意养生，并且投入公益活动。

原本医生判断她的时日已经不多了，未料她把坏小孩也当成是自己的小孩，自己生出来、自己养出来的包容与尊重，加上完全配合医生指示，而今已过了八九个年头，她还活着。她谢谢这个癌症让她活出真正的自我。她念书念得不多，很憨直，没有太多复杂的逻辑，所以很容易抓住重点，也许病痛依旧，她却已经脱胎换骨。

近年来，日本的医学界已开始准备将癌症视为慢性病。成了慢性病，病人不再那么恐慌，反而可能因祸得福，可以慢慢地思考，对于病情自然是大有帮助。





## 超强忍功造成的迷思

狗猫的三三定律操控在人的手里，主人清楚，甚至也尽力，通常只是把身的那三分之一做好，心的那三分之一却常常被忽略了。

狗猫生病时会躲起来休息，它们知道生病了，进食量会减少，必须靠自身所储存的能量来供应，积蓄不多，必须省着用，以待外援来到。

我们常常会好奇它们好几天没有进食，怎么一副没事样！那是因为它们天生懂得节约能源，它们不爱思考，关闭几个感觉及运动器官，只保留最基本的呼吸循环代谢。也因为习惯了它们即使久未进食仍然一副健康的模样，昨天还好好的，怎么今天就病倒了，让人完全措手不及。

其实这个迷思背后有个十分残酷的现实。

狗猫的平均寿命为12 ~ 15岁，人类以保守的72岁来算，狗猫的一天等于人类的六七天，昨天大约就是一周前，上礼拜就是一个半月前，上个月就是半年前。所以，人类看它“突然”病倒，其实是我们忽略了许多小征兆，例如它胃口稍微差了些，我们会以为是因为天气热；它会对着楼梯望着我们，我们以为它偷懒、撒娇罢了；它可能在出去散步时急着要回家或突然呕吐，下一餐却又正常地大吃大喝……简而言之，就是它们忍耐的功力太令人叹服，我举一个最简单的例子。

一般人全身麻醉手术之后，一定得等到放屁，也就是开始排气了，护理人员才会让病人开始进食。因为全身麻醉退了，脑袋清醒了，我们的肠胃可能还在睡大觉，必须等它们也醒了，开始正常蠕动、排气，吃下去的东西才不会停滞不进，否则很容易引起胀气，甚至呕吐。胀气加呕吐，很容易使得伤口破裂。

然而，只要严格空腹12小时之后才进行手术的狗，六七个小时之后它就口渴，甚至肚子饿了要吃喝。而且吃喝之后，居然没事，倒头就呼呼大睡。

术后的伤口，我从来不替它们包扎，只有在它们舔咬伤口时，立刻给它们戴上伊莉莎白颈圈，让它们舔咬不到就行了。伤口不必换药，消毒杀菌全靠口服药。10天之后拆线，伤口都会愈合得很好。

我常开玩笑说，因为它们的皮比较厚，才能长得出毛来，伤口也才愈合得快。人类的皮肤太薄了，只能长出细小的毛，当然伤口的愈合力就差多了。

## 激励远甚过瞎操心

它们的忍功太好了，以至于总是病入膏肓才倒下来，令人手忙脚乱，这时就务必想到我说的三三定律——其实它们毫不畏惧病痛，所欠缺的只有激励。

生命力是可以被激发出来的，尤其是所信任的人说的话，它们都会接受，因此千万不要说丧气话。狗猫十分相信它们的主人，所以，我们激励它们，它们都会努力。也就是说，我们努力掌握那三分之二，剩下三分之一的留待天意，既然瞎操心也不可得知，就别想了。

我最喜欢给它们加油，也给主人加油。激励它们努力地比赛，而不要去想奖牌。因为能否得奖牌，先天条件要好，而自己也得非常努力，剩下的就看运气了。没有好运气，只要努力过，一样无憾。

给同伴动物加油时，必须十分诚恳地跟它们说话：抬起它们的头，用鼻子碰它们的鼻，两眼盯着它们的眼睛，手抚摸它们的头顶，用肯定的语气跟它们说话。头顶有个潜意识区，有人只需摸摸兔子、公鸡，乃至小鳄鱼的头顶，慢慢地它们就被催眠了。头顶被摸着摸着，仿佛被强大的力量震住了。这时，你说什么，它都唯命是听。

我记得有只17岁的老拉萨狗，一个多月来不断发高烧，食欲不振，体重轻了1千克多。同行都说它老了，不必再治疗啦。

我看着它那依旧十分锐利的眼神就明白了，于是验个血，顺便挂上点滴补充它的体力。原来它的高烧不断是淋巴癌在作怪，我摸着它的头顶给它加油打气。平时非常犀利固执的它，居然顺从地听我安排。

点滴打完，几个小时后它恢复力气，烧退了，力气来了，胃口也开了。

淋巴癌我可没法子，17岁的老顽童我也没法让它返老还童。但是，我可以唤醒它的心，让它的斗志被重新唤起，是它自己把淋巴癌给镇住了。我不过是补充水分、营养，给它一身老骨头添上润滑油，于是它又重新站了起来。

拉萨狗是一种非常顽固的狗，永远不服输，也不太愿意被摆布。主人说这17年来为了给它强灌药，手受过多次伤，所以，它从来没有成功地吃下任何药，就凭着这股拗脾气，从开始治疗到现在过了4个月，它像一辆破旧的老爷车，尽管不能再奔驰，却还能缓慢启动，驶一小段路。

主人常常问我，它究竟还有多少日子，我也不知道，只好告诉他，“佛曰：不可说！”剩下的三分之一，就交给老天爷吧！

# 先天不良





这一章要来谈谈畸形，也就是胚胎在发育过程中受到先天或后天的干扰，而生出的不良形体。动物的悲剧之所以不时上演，几乎都是因为人为的盲目繁殖。

自古以来，人类就喜欢珍奇猛兽，主要是源自对帝王的朝贡，用以讨好统治者。而今，商业利益主导了市场，侏儒狗、畸形猫到处可见，例如红贵宾犬因名模偏爱而声名大噪，我却见到许多长大后，毛色由棕而淡化成土黄色的贵宾犬。迟早，我们就会见到红贵宾犬长大了成为白贵宾犬。这种原本是白色的小贵宾犬，基因是很诚实的，偏偏人类好扮演乔太守而乱点鸳鸯谱，基因一时被乱搭配，到头来，还是会回到原来的样貌。

## 人类无知让它们更脆弱

折耳猫很可爱，可是折耳配折耳，下一代就不一定是折耳猫了。

人类的无知可以说是最大肇因。

在台湾，繁殖业者通常认为吉娃娃本来就应该是脑壳发育不完全，头顶颅骨没有完全愈合而秃秃的。然而，当你摸它的头顶时，一个大洞，摸到的就是大脑。实在让人冒冷汗，没有了脑壳的保护，轻轻一戳，大脑就完了。这种脑壳发育不全其实是畸形的水脑症，在它小时候，超过两小时未进食，它就会因血糖太低而昏倒。

我曾经养过一只被遗弃的小可卡狗，体型只有正常的三分之一大，长了一副兔唇。那一段时间非常流行可卡狗，毛茸茸的，小时候非常可爱，长大了却成了流浪狗的主流。因为，可卡狗垂过下巴的长耳及全身的长毛，只要一天不刷不梳，很快就会打结，长耳盖住耳道，耳朵天天发出恶臭，于是很多就被弃养了。

再说黄金猎犬与拉不拉多，它们的髋关节结构如果先天就不良，四五个月大后，两条后腿就成了X型腿，吃力地站，吃力地跑。运气好的长大了，后腿一瘸一瘸的，看了令人心痛，主人于是花大价钱为它们动手术装人工关节，或者为它做SPA，让它减少痛苦。

在国外，尤其是德国，老早就很重视这种先天畸形的筛选。出现这些毛病的动物，立刻给它们做绝育手术，甚至人道安乐死，就是希望让这些不良基因绝种，不要再祸延子孙，反观台湾却引进换关节的手术，实则是变相地想弥补饲主的良心不安。

人工关节手术早已成熟，人类接受这种手术是因为老了，生活品质变差而不得不做。让狗儿做这种手术，仿佛鼓励盲目的繁殖。尤其是繁殖业者喜欢买冠军狗，却不去查查它的同胎兄弟姐妹是否有哪些异样。冠军狗非常亮眼，可能只是它运气好，分配到好的显性基因，却也携带了很差的隐性基因。一旦大量繁殖，丑态就出现了。

## 多理解，早准备

再看市场上盲目的逐利游戏。最简单的流程是业者引进漂亮的种狗进来，生下来的小狗高价出售，卖到天南地北。结果花大钱买了这些狗的人，为了回本就随便配对，第二代和第三代近亲繁殖，许多早该淘汰的劣质基因就显现了。

越是迷你型的玩具犬，越能卖出好价钱。殊不知，这些近亲繁殖出来的产物非常不好养育，业者从小就给它们喂食，等到够大了赶紧卖掉。

迷你犬体型纤细，骨架单薄，下颚骨很细，气管尤其脆弱。骨架单薄，稍微用力拉，或者从0.3米高往下跳就骨折了。这种骨折十分难矫正，一般器械对它而言都太大，小号的支撑力又不足。此外，由于下颚骨很细，牙床自然也浅，牙齿也就无法植入很深。如果从小没有天天帮它刷牙，配合使用干饲料，不到几岁就满嘴烂牙，怎么清洗、保养都无法改变，更何况，这类的狗通常都被捧在手心，天生就比较挑嘴，主人又喜欢一口一口喂它吃零嘴。当牙都掉得差不多了，下颚骨就非常容易断裂。

狗的食道与气管上下平行，气管由一串倒C型软骨组成，中间隔着一层组织，食道就压在上面，每次进食都会压迫到气管。进入胸腔处称为“肺门”，本来就很窄，所以许多狗吃东西时，不时会因被呛到而咳几声。小型狗本来就容易受惊而不停地叫，叫多了，空气急速流通之下，气管很快地就塌陷了，常常咳得像得了哮喘一般。久而久之，因为进氧量不足，心脏只好昼夜加班，开始扩大，接着心肺循环不佳，容易引起肺水肿，天冷易咳；天热，为了呼气散热也咳，一般人总当成感冒咳嗽。

愚蠢加上贪婪，让许多劣质基因就在狗猫族群里四处流窜，搅乱了本来美好的一江春水。养纯种狗就得冒上述风险，因为它们是在小小的基因库里打转，好坏都在里头。

有读者会问，既然动物老了或病重时应该帮助它们离开，不要它们痛苦地撑下去，可是如何知道何时该加油，何时该放手?

我们必须尊重动物的自主权，它们知道自己的承受能力。我常说的加油是“勇敢地活下来，勇敢地离开”，而不是明知不可为却硬要它们活下去。当它们的痛苦已超过所能承受，或者它们还有牵挂，或者它们神志已经不清时，它们会哀嚎，甚至是反常地嘶吼，这时就该放手了。

如何面对动物临终？我们可以做的，
或是为它盖上往生被，或是为它颂圣号、持咒，
也可以单纯诚心祝祷……
在日常生活中，试着练习对死亡的冥想，
例如，看着餐后水果，
想想它从生成到被采摘最终被你吃掉，
一旦意识到每日的生活充斥着数不清的『死亡』，
你就不会那么难以面对终究会到来的死亡。

# 除夕夜





夕阳无限好，只是近黄昏。面对生命的尾声，常人都会这么想。然而从另一个角度来看，夕阳还真是好。

我说过人生就是来上学，也就是拿着脚本来好好把角色演好。黄昏，就是戏该落幕了。戏到了尾声，常常是高潮迭起，观众看得过瘾，但演员也得谢幕，毕竟幕落了，才能重新掀起。

当生命接近尾声时，就如同一年走到尽头后的大年夜，远游的家人跋山涉水地想尽办法赶回来，大伙高高兴兴地除旧布新，敬天祭祖，围炉守岁……相传，熬得越晚，父母就会越长寿。

临终也应该这般充满希望与喜悦，因为即将毕业，说不定还能拿高分。甚至可以借此把学分都修满了，从此不必再苦修，因为做人、读书都很辛苦，不必再来这么一趟，当然是最好的。如果平时混日子，可是毕业考拿了高分，当然可以顺利毕业，表示这最后的奋力一搏得到了认同。当然，你也不能完全把赌注放在这最后一搏，万一赌输了，重修的滋味可不好受。

自杀叫作中途休学，等你休息够了，还是得乖乖重修，这样将来才有毕业的一天。安乐死跟自杀一样，都是中途被迫休学。为什么会休学，表示你一路走来都不用心，势必得重修。

最后的这段时光十分重要，如果这一世都十分小心谨慎，却在最后一刻心念乱了，结果就会有很大不同，有这么一则故事：

有位老僧平时十分用功地修行，在一个风雪之夜，望见白茫茫树林中有只怀孕的母鹿，从此，他一直牵挂着母鹿。临终前，众家弟子全部围绕在他身旁为他祝祷，而他仍挂念着那只母鹿。就这么一个分心，原本可直达极乐净土的他，一念之差，枉费了一世的清修。

一心不乱，是个激励，也是最高标准，只是血肉之躯有心跳呼吸，难免种种思念，因此才被称为有情众生，否则跟冰冷的机器没什么两样。

高僧大德尚且如此艰难才得始终如一，凡夫俗子乃至飞禽走兽，就更要好好把握那最后的机会。

临终的关怀常常可以消千世累劫，佛家不是常说：放下屠刀，立地成佛。当然这个成佛只是鼓励，可以让人存有无限希望，其真义是要人种下善根佛种，给自己一个重新开始的机会——天底下可没有免费的午餐，一心想去极乐世界的人，必须了解到这个真相。

西方极乐世界很像度假的乐园，是修行最棒的场所，但是去了就不必再回来吗？那可不一定。千万年以来种下的业因一旦休息够了，还是得面对。没了业因，则还可能有愿因，你曾立下的誓愿可能就得倒驾慈航，回到人世来完成宏愿。

人之将死，其言也善，因为这时你必须面对的就是自己，眼前一切即将跟你无关。善知识，能让你开智慧，让你顿悟的才是最迫切也最适宜的养分。

## 用心体会，圆满善终

读者都知道，狗猫的寿命大多只有十几岁，所以主人几乎都要替它们善终。与它们结缘的第一天，我们就得有这个体悟，如果你还没准备好，就不可去结这个缘。有机会替它们善终，是我们的福气，而且比面对人类还容易，因为狗猫的世界很小，脚本的内容也很简单，我们教的，它们都会全盘吸收。

动物临终前多少会有些迹象，行为会有大转变，所谓的“老小老小”，就像老人家变得像小孩似的，它们会希望随时有人陪在身边，却不见得要抱抱；它们可能会突然变得乖巧，眼神变得很柔；它们可能进入冬眠状态，大部分时间都在睡觉，不再对门铃、电话铃有回应，有时睡得很沉，竟不知道我们已下班进门。

它们对于往生完全没有恐惧，只有不舍与牵挂，所以你得捧起它们的头，用鼻子碰着它们的鼻子，用眼睛盯着它们的眼睛，用手抚摸它们的头顶跟它们说话，或者用心跟它们交流，它们会像海绵似的，把你给予它的全部吸收，没有半点疑惑。

轻声播放宗教音乐、佛经、佛号给它们听，用不同的方式不断提醒它们，将来要去当天使或者跟着佛祖好好修行。

如果你平时有祈祷、查经、持咒做功课的习惯，那是非常好的习惯，不妨把它们请到身边来。它们的听觉也许已经不行，却依旧可以感觉到，因为这时候你是在跟它们的灵对话，你的心念它们都很清楚。

鼓励它们专注且勇敢地一步步向前走。请用鼓励、加油等正向的语言来代替你的哀伤与不舍，甚至恐惧，因为这些负面的情绪会让它被扣分。

人有七情六欲，哀伤、恐惧、不舍都没有什么不对，只是智慧的层次不高。如果你曾经如此，不必懊悔，所谓往者已矣，来者犹可追。活在过去阴影中的人其实都是笨蛋，但人不能一直笨下去。只要念头转个弯，过去的愚昧都是可以弥补的。

首先跟当时你没有好好送终的动物道歉，然后学学古人施棺之类的义举，承诺愿意去救助它们的同类，让它们得以善终，这些义举的效益比给它们做法、颂上几部经都更好一些。

许多人给狗猫颂经办法会只是想忏悔，因为在它们有生之年没有去好好善待它们。这也无妨，毕竟人都是在失去之后才懂得珍惜，既然知道珍惜，也很诚挚地忏悔，那么它们的离去反而会为彼此加分。

善终的功德不只是救人一命，救的不过是肉身罢了，善终是安顿了灵，那种层次就高了许多。

善缘、恶缘不如结慧缘，善业、恶业不如造慧业。有恩报恩，有债还债，来来去去何时了。给人提升智慧，两不相欠，造慧业、结慧缘，彼此都加分。

圆满的善终不是难事，只要用心去体会那精密细微的眼神，久了自然可以心领神会。也就是你得常常盯着同伴动物的眼睛看，眼睛是心灵之窗，多多练习与它们的灵说话。

## 好好道别，不再牵挂

通常，动物在即将往生时，都会想跟亲友道别。

有只15岁的老博美狗已经好几天不吃不喝，我盯着它的眼睛看了许久，转头问主人是不是有人缺席了，它还没跟对方说再见？主人想了想，原来是远在高雄的父亲。我要她立刻打电话过去，请她父亲用鼓励的方法跟老博美好好道别。通完电话，老博美的头慢慢垂了下来，很安心地走了。

隔天，笃信基督的主人来了封长信，她彻夜读经跟她的神对话，心境慢慢放宽，感受到那升华的喜悦。

有时候，当同伴动物内心觉得有歉疚，也会杵在那儿不肯走。

老波波是只很乖的约克夏，有心脏病、骨刺以及多年的老年痴呆，可以说是灯枯油竭，可它就是舍不下。平时的它可神气，可这天晚上7点多，主人同两位友人带着老波波前来，我抬起它的头，很专心地看着它，跟它沟通，它的眼神渐渐变得很轻柔，我也以微笑回应。

原来老波波还有一件心事未了，它想跟一个人道歉。我问主人，还有谁跟它相熟，也很疼它？主人这才想起有一位朋友答应来看它。我说等不及了，立刻把她找来吧。一个小时后，朋友来了，紧紧抱着老波波。过去一阵子，老波波还挺不喜欢她的，因为有一回她装猪叫逗它，把它吓坏了，从此不想理她。

老波波在她怀里十分安详，我帮它翻译："它想跟你说对不起，虽然那年被你装猪叫的声音吓到了，然而此刻它将毕业，就差一个学分，就是跟你道歉，道一声珍重。"

回去后11点多，老波波安安静静地走了，没有痛苦，没有遗憾，也没有不舍。焚化完，烧出许多舍利子。

有时候，即使跟它们只有一面之缘、一饭之恩的人，它们也希望在临去之前表达谢意，因为道谢之后，彼此都可以加分。这种例子非常多，老莎莉也是其中之一。

莎莉1岁多时，流浪街头，陈小姐收容了它，带它来结扎、驱虫、打预防针，同时将心丝虫症也给治好了。十年来，除了打预防针，它都没有什么病痛。这天，它突然不吃东西，陈小姐赶紧带它来找我。

老莎莉的病，没有什么特别的症状，只有验血才能找出问题在哪儿。抽完血，老莎莉偏着头，很轻柔地望着我，我心头仿佛被电击了一般愣了一下。这种眼神十分熟悉，原来是个告别礼。

隔天验血报告出来，我赶紧打电话告诉陈小姐。陈小姐说，昨天老莎莉回来，在屋里屋外全部巡视一遍后，躺下来就走了。这也给了我一个难得的经验，可卡狗一定会等到吃完最后一餐才走，因为它们忍病痛的功夫是一流的。验血报告完全没有什么异常，只是它的时辰到了，就这么潇洒地走了。

我很幸运，不断有许多老狗老猫来道别，这等情义让它们加了不少分，也让我的心念更加笃定。也许在累世里，我们曾经相处过，它们寻觅良久终于找到我，也许就因还欠我一个正式的告别，这回终于完成心愿了，从此再没有牵挂，这就是加分。它们笃定了我的心念，就是好不容易来过一生，就得十分圆满地走完。

## 小白的微笑

三年前，有只20岁的老狗已经三天不吃不喝了。孙小姐抱着它来，我一看到它开口就说：“哈！小白，你要去见菩萨了，真好，一路好走啊。”

我摸着小白的头顶给它祝福，它微张着双眼，似笑非笑地看着我。我打了莲花手印在它头顶，然后没有给它任何针药就让孙小姐带它回家去。

回到家，小白四处闻闻，然后躲到沙发底下睡着了。天亮后，孙小姐醒来去摸它，发现它已经没有了呼吸。

家里的老奶奶本来就有许多忌讳，怕它死在家里。然而，在小白死后30小时，老奶奶很勇敢地去摸它的遗体，居然还是那么柔软，突然什么都不怕了。

小白走了之后的第七天，也就是俗称的头七夜，孙小姐做了个梦。梦中檀香味弥漫，有个小男生跟着观音菩萨出现。她很清楚地认出这个全身雪白的小男生就是小白。

小白手牵着菩萨的白纱开口说：“姐姐啊，我很苦恼。”

“你为什么会苦恼，菩萨带着你啊？”

“是啊，我只是害怕念错了咒语，会被骂。”

“为什么？”

“你用普通话教我阿弥陀佛，可是在灵骨塔那边替我做法事的师姐用台湾方言帮我念，我不知道该用普通话还是用台湾方言来念，我上辈子是金门人，虽然操的是海口音，师姐的台湾方言我是听得懂，只是不知该如何念，菩萨才不会骂我。”

这时，菩萨开口了：“没关系，你念念看。”

小男生很纯熟地用普通话和台湾方言各念了一遍。菩萨开口了：“你念得很好啊，没关系，继续好好地念。”

这时小男生很兴奋地说：“姐姐呀，我现在不必再去投胎了，菩萨答应让我跟着他修行了，嘿，我要走了。”

隔年的中秋节，孙小姐突然来访，拎着一盒十分可口的月饼。起先，我对她完全没有印象。当她讲完这个故事，我终于想起那温馨的一幕。

# 芬芳幽谷





往生这个词真是绝妙，因为它带着一分智慧的讯息。

往新的生命去，就是往生。

所有的生命出发点正是终结点，也就是绕一圈又回到原点，这个原点是基点，不断出发，不断归来，都是回到原点，这就是生命运转的机制。生命就是这样，绕呀绕的又回到原点。

一个已经圆满的生命会在这个原点上开始新的提升。也就是这个灵充满了光与热，来来去去无忧无虑，没有牵绊，自由自在。

佛陀、基督、众菩萨的画像里，大家都会看到他们的头后面有一圈光环，那是一种极高的能量。所有的圣贤都有一团非常高级又精致的能量，一团非常自在的能量。许多书中常提到，有些人看见过这团耀眼的能量，这团能量会说话，能发出声音，不管说的是哪一国的语言，反正你就是听得懂。

圣贤的能量是光彩夺目的，却不会刺伤我们的眼睛，反而让人如沐春风，欢喜自在。所有的动物也都带着能量，众生平等，只是有层次的高低。

生命就像列车，不停地往前开，死亡只是一个停靠站，却不是终点站，因为能量是不会消失的。

在与众多的有濒死经验者的谈话里，当事者都曾提到灵魂离开肉体时会进入隧道，在隧道的彼端有强光，十分刺眼，让人不敢逼视，甚至不敢进入。时限已到的人，如果很勇敢地进入这个光亮的隧道，就会回到那永恒的家，而这个隧道就是头顶的窗。



## 随着光芒行，回老家休息

人与狗猫在初生时，顶骨的中央部分都尚未完全愈合，摸起来软软的，就是所谓的窗门。小婴儿长到四五个月左右才会愈合，狗猫在两个月大时就会愈合。

灵就是从这个窗口进入肉体的，窗关上了，灵就被封闭在肉体内。当肉体的使用年限到了，离开的路有三条：头顶的窗门、肚脐眼及排泄孔。从头顶原路回去是最好的选择。但是，因为久居暗室，当拨开头顶，光射进来时，刺眼地光让人无法睁开眼睛直视，甚至裹足不前。殊不知，那是最佳的回家之路。穿越隧道，就是要努力拨开头顶的窗，那通常得费点力气，需要旁人协助，也就是助念。心跳呼吸停止之后，还存在着八小时的听识，这时简单的佛号便是指引。

所有的佛号、圣语、咒语、真言，就像密码变频产生的共振，穿透力非常强，可以打开大自然里的那部超级大电脑。但是，如果因畏惧那道强光而从肚脐跑出去，这时所看到的是非常熟悉的色界，让人很舒服，如果没有指引，就会像水往低处流一般，不由自主地进去，进入新的轮回。

如果连肚脐眼都不想出去，而往下去，就会到排泄孔，那很糟糕，进入真正无明的幻界，要提升是非常困难的。

从头顶出来的好处就像许许多多的濒死者的经验里提到的，当你勇敢地进入那道强光之后，来到一个非常舒服的世界，如梦似幻，让人通体舒畅得不想离开。

原来，这隧道口的强光后头，所有的高级灵全在那个次元里。你所深深相信的佛祖、主、耶稣、天使、阿拉等，全在那儿很高兴地欢迎你回家。

回到“老家”，你可以好好休息，将这一世所经历的一切插入超级大电脑之中，此时守护灵会与你一同搜寻潜藏在记忆库里的资讯，透过荧幕回顾生前的一切，并进行自我检讨。如果你修的所有学科，拿的都是A+，那你会受到夸赞，有个很长的假期，在天堂或极乐世界里度假休息。

## 善用身，安顿灵

生命在肉体内的活动，不管人或狗猫，不管此行脚本如何安排，演完了就是一个“累”字。

一个十分疲惫的灵，有时会很空虚、茫然，就像曲终人散之后油然升起的寂寞感，这时，他可能不想再坚持一贯的信念，或者突然想要放肆地自由高飞，所以在这个关键时刻，非常需要协助。

助念、祈祷等在非常虔诚的状态下因共鸣而产生的声波，其能量是非常强大的，常常可以改变某些脚本已安排好的最后演出。

狗猫无法吟唱，但是会全神谛听。这种全神谛听的表现让人不由得佩服。

一般人总是对死亡心存恐惧，当然也有不怕死的人，大概可分成两种：一种就是十分精进的修行者，对生死早已了然于心；另一种就是痛苦至极，以为死亡就可以一了百了，抛弃所有的痛苦枷锁就可以解脱的笨蛋。

解脱哪有这么容易啊！那经过辛苦的十月怀胎而出生，又慢慢茁壮成长的努力，岂不全部白费了！就像好不容易长大了的苹果树，历经风霜才开出花来，如果狠心地把树锯断，这一季就没有苹果可以收获了，可惜啊！





自杀也是笨蛋才会做的事，自杀就是逃学，逃避了你该扮演的角色，将来必须重新来一趟再把戏演完。自杀与许多瞬间死亡所累积的痛，常常会让灵很受伤，会铭刻在生命的某个角落，尤其是自杀的那个状态会不断重演，既不能中途插队说我要再来一次，还必须等到其他演员继续演完落幕为止。因此当舞台上其他演员已演完自己的角色，只有你必须重来。

狗猫不会莫名其妙地自杀，却会以身相殉来替我们加分，所谓杀身成仁，你加分，它们也加分。

狗猫的生命表现受限于它们的形体，这是大自然的游戏规则。

但是，人们有时候训练它们来耍宝，却是扭曲了自然界的游戏规则，是要扣分的。人类喜欢驱使、奴役同类，喜欢征服、掠夺，旧社会的资本家、财阀一点一滴地搜括平民百姓的血汗钱，有权力的政客以坚船利炮来掠夺其他国家的资源。没有本事的人就奴役动物，逼狮子跳火圈、教大象下跪起立、强迫熊打拳击、训练猴子演戏……只要人类被扣分，它们当然也没好处。这跟因为勤奋工作而博得人们的赞赏疼惜与鼓励的工作犬、辅助犬，是完全不同的。

安顿动物的身、心、灵，多多少少可以弥补过去人类加诸它们身上的非人道行为，这也是人类的自我救赎、进化的开始。

## 从头往生，离苦得乐

狗猫的灵从头顶出来的威力是很强大的，不仅引导它们往上提升，也让主人们的心绪不会因为过度伤痛而错乱。

我读完《西藏生死书》之后学会这个技巧，开始把它应用在狗猫身上，也和长年致力于动物福利的刘大姐分享。一天，她在屏东参加一个研讨会，主题是安乐死（这个研讨会其实有点愚蠢，居然请外国人来教我们如何给狗安乐死）。

其实安乐死的重点是决定而不是执行，就像法官一定是绞尽脑汁为罪犯找生路而不可得，只好沉重地判他死刑。执行的方法有注射毒物、坐电椅、枪毙等，都只是很粗浅的技术问题。给狗猫安乐死不必专门学习，通常进行静脉注射。先注射麻药，等它没反应了，再注入毒物，使得它的呼吸、心跳，乃至神经传导瞬间停顿。

工作人员在路边找到一只全身光秃秃的流浪癞痢狗，来示范如何给狗安乐死。

刘大姐在工作人员准备给它注射时，蹲下来，轻轻抚摸它的头，嘱咐它记得一定要从头顶出来。狗儿其实已奄奄一息，却很镇定地看着她。刘大姐用相机对整个过程拍照记录。

照片洗出来时，发现照片中有粉红色的光影，刘大姐以为洗坏了去找照相馆质问。老板看了很肯定没有洗坏，刘大姐又找了另一家照相馆老板请教，得到一样的回答：“底片没冲坏，相片也没洗坏，我没办法告诉你为什么，你看到的是什么就是什么。”

我仔细端详照片，粉红光呈螺旋状从往生的狗的头部出来，而且府部有团莲花状的光。信佛的都知道，乘坐莲花离开是佛祖来接引。莲花出淤泥而不染，圣洁无比。

狗居然也可以坐莲花。

你可以不信鬼神，也可以不必理会灵异事件。但是，当家里的狗猫往生时，我们还是祈盼它们能去个好地方，不管那儿是哪里。总之，我们都希望它们能够离苦得乐。

如果那些横死的动物们也能被告知从头顶出来，那么，这个世界的怨气就会少许多。怨气也是毒气一种，也是让地球母亲无法安宁的主要原因之一。人们做环保只是处理一些有形的东西，这种无形的负面能量，才是真正需要处理的。

如果屠宰场的鸡鸭牛羊猪，都能得到这个最简单的指引——从头顶出来，那么，它们的牺牲就值得了。

或许你没看过《西藏生死书》，只要记得将来要从头顶出来，这个最简单、最珍贵的指引，你的智慧已然开始正向的进化了。

# 苹果花理论



死亡不必亲身经历，靠冥想就可以领会，冥想关闭了眼耳鼻舌心，让“意”去飞翔，用冥想来体会，感受自然就更深刻。

大家都吃过苹果，请问，有几个人看过苹果花？

几乎所有的水果都是先开花后结果。如果花开了却不凋谢，那水果也就结不出来了。

谈其他生物的死，读者大多能平常心看待，但只要一谈到人类的死亡，无人不惧！只是那种恐惧感，如果不好好解析，只会生生世世不断地轮回。

人们不知道死了会变成什么，会去哪，因为死了的人不会告诉我们那是个什么样的世界。因而，自有人类以来，死亡一直是个阴影，为了躲开这个阴影，不断有各式各样的信仰产生，信仰的汇集就产生了宗教。宗教信仰使人类在历经生离死别的诸多考验之后，还能活下来。

随着人类思想的进化，同时肉体为了存活下来也经过物竞天择的演化，加上从无数次的尝试中得到的经验，逐渐认为人是可以胜过天的。

人类其实是很幸运的，白天之后就是夜晚，当火还没有出现之前，黑夜跟死亡没有两样。

远古时代的人慢慢知道黑夜并不可怕，只要一觉醒来，太阳出来了，天地万物又清晰可见。

远古人类对死亡的理解一定比现在的我们还要透彻，因为那时候还没有太多的思考活动，所以面对死亡，必然不若今人那么恐惧。他们一觉醒来，还有呼吸心跳，想都不想立刻开始寻找食物，可以说“吃”一直是人类没有灭绝的原动力。

所以从吃开始冥想，死亡的来龙去脉就变得十分清晰。

## 透过花果，体悟生死

我们吃的鱼肉一定经过了屠宰的过程，所以我们吃的正是新鲜的尸体，连生鱼片也不例外，只是有是否烹煮料理过的差别罢了。

蔬果虽然离开树，离开土地，仍然蕴含生机。水果核里的种子，一小截的空心菜、地瓜藤，将它们埋入土中，又可以长出新的果树、空心菜与地瓜。所以，死亡与新生是联结在一起的。

当然也有人会质疑，植物也有生命，素食者岂不也在杀生。其实，这个疑惑只是对生物学不够了解罢了。

植物开花结果的目的就是要繁衍后代，鲜艳的花朵吸引鸟与昆虫来传粉授精，最终得以结果，果实则很欢迎飞鸟与动物来摘食。如果没有被鸟类与动物摘食，果实只好落在树下，也许也可以萌芽，但是要长大却十分困难，因为躲在大树下，阳光不足无法充分进行光合作用。被摘食甚至被运往远地贩售，它们就可以在异地萌芽茁壮，版图就会不断扩大，更不至于绝种。

花果最欢迎人类，因为人类为了尝鲜会给它们杂交改良，等于是在协助它们演化。同时，透过它们的牺牲奉献，也可以协助人类体悟生与死。

当你看见一颗水果，准备咬下去之前，先想想它是怎么来的，上帝赐予的、老天爷给的、自己花钱买的、朋友送的都行，至少它一定是从树上摘下来的，抱着感恩的心。

先得种下水果的种子，接着抽芽、浇水、施肥、修枝，然后开花。风来了，蜜蜂、蝴蝶帮忙播粉。花谢了，配合着适量的光照、雨水，果实慢慢长出。

花如果不死，果实就永远长不出来。

## 吃吃喝喝，生死轮回

任何时刻，任何地点都可以练习对死亡的冥想。

坐在木制的椅子上，你轻轻地抚摸它，也许它是原木，也许是夹板。你可以想象那些有数十岁的大树被砍了下来，经过锯木场初步裁制，然后追到家具工厂，经过师傅们的巧手最终才来到我们的生活中。

我们知道有机物都有碳原子，碳原子可以组成坚硬的钻石，也可以组成柔软的肉体，我们身体里有上亿的碳原子。

这些碳原子因为质量不灭的原理，有可能来自几千万年前的恐龙身上，或者热带雨林中高耸入云的庞然巨树。在大气层保护之下，这些原子不断轮回，组成山水树木或各式动物，甚至经过种种的天灾，深埋于地底几十万年，变成煤炭与石油，成为当今的能源。当然，这些碳原子也有可能来自我们前世的肉身或我们累世的父母身上。

所有的宗教对于生死都有十分明晰的叙述，不管你相信或不相信，生死是十分透明的，轮回也不是佛教的专利，如果没有轮回，天堂恐怕早已拥挤不堪。资源回收的环保做法就是轮回，让没用的东西死而复生变成有用的东西。佛家的高明就是用简单的观念贯穿千古，依旧历久弥新。没有宗教信仰的人对于死亡，都会有原始人一般的恐惧与迷惑，因为死亡之后是何等光景，从来没有任何一个死去的人可以活过来告诉你。

服膺理性的人必须承认，死亡始终与我们同在。就像苹果的花谢了，苹果才长得出来；动物死了，它们的肉成为人类的食物来源之一。我们在吃吃喝喝的同时，正经历着各式各样的生死轮回。当然，如果你每一刻都如是冥想，日子可能会过得十分惊悚。

我只希望，读者偶尔就这样想一想，你一生中至少要严肃却又轻松地冥想一回。这种冥想的修炼是很健康的，殊不知，不经历这一番，人生就不会那么踏实。




## 挣脱“习惯”的羁绊

呼不出氧气的花草树木就是死了，吐不出二氧化碳的动物就是亡了。

一部车突然熄火、无法发动，不尽然是整部车的内部结构都坏了。

也许它只是累了，就像我前面提到过的，血液生化检查都没什么异样，狗儿却走了。

死亡带给人们的恐惧，说穿了常常是因为措手不及，因为完全没有想到，心底毫无准备。太突然，让人无法承受，常常就是无语问苍天，要不就是怨天尤人。

其实，不过就是一种习惯罢了。

我们习惯有狗猫在身边，一下子没了，当然怅然若失，我们所无法忍受的只是习惯突然被毁了。我们习惯下班回家，狗儿高高兴兴地来迎接我们。寒夜里仍在努力敲电脑，猫儿静悄悄地跳上来，一个温馨的摩蹭，让你欣然接受。我们只是习惯于我们自己的需求，却忘了它们并不是摔不坏的玩具。它们跟我们一样吸收氧气呼出二氧化碳，突然有一天就离开了。

对死亡的冥想会慢慢地让你发现诸多事与物的存在，不过就是习惯罢了。我们出门，习惯挥一挥手小黄就停在眼前。我们也习惯了在黑夜里有光的日子，然而能源终有用光了的一天，那时候如果新能源还未发现，我们就只好回到黑暗时代，出门也只能靠自己的两条腿。

“习惯”常常羁绊着我们。有那么一天扭开水龙头，居然没有一滴水，或者突然没有了电。如果事先没有心理准备，浩劫临头，当然会疯掉。

色彩鲜艳的玫瑰、香气四溢的百合终究都会枯萎，因为你知道它们终究会凋零，所以一旦凋谢，就会很自然地、不加思索地把它们丢到垃圾桶。

死亡的演练，会让你觉得最糟糕的状况不过如此，同时我们却还能记得它们的艳丽与芬芳。

心理学工作者不妨多多运用这个苹果花理论，去安抚那些即将经历死亡仍旧对死亡恐惧甚深的病人和家属。当他们坐在你眼前开始诉说，到了某个节点，拿出一颗苹果，问他们苹果的前世是什么，苹果花又是何等模样。当他们开始用心思考时，就简单地告诉他们，花不谢，苹果是长不出来，就像一粒稻子不死，就无法长出一大串的水稻。

一颗苹果，常常可以敲碎那死亡的梦魇。

# 仪式的精义



我喜欢把卷心菜的菜心摆在小盘子上，加点水。

那些菜心就是我们摘下了卷心菜的叶子，烹煮而吃之，剩下那个不能吃的部分，我们常常都是随手扔了，可是如果把它们摆在浅水或是湿土上，它们会继续发出嫩芽，十分翠绿。等到菜心所残存的养分用光了，翠绿的嫩芽也就随之枯萎。

面对死亡的所有仪式正是如此，合宜的仪式可以让往生者发出新鲜的翠绿。这个短暂的翠绿，就足以填补那失落的空寂。

腐朽是可以化为神奇的，就看你的巧手了。

修行不是那么艰苦，修行就在日常生活中。无法单盘或双盘，无法一呼一吸的呼吸，你还是可以修行。

静静观看着那嫩芽慢慢地、羞涩地冒出来。死亡，从来就不是那么凄凉，因为只要无数的生长点之中有几个没有被破坏，它们还是会努力窜出生命力。

不要小看那些毫不起眼的萝卜头或卷心菜菜心，摆在浅水里，它们依旧生生不息。无限的智慧，就那么一点点残存在回收的厨余里。

## 利益双方的仪式

厅堂里，香烟袅绕，佛教徒一同颂唱；尖耸的教堂里，圣歌赞颂中，穆斯林诚心诚意地净身、垂跪，盛赞阿拉真主；原住民手牵手，绕着熊熊火堆吟唱、手舞足蹈……众人就这么被集体催眠，心也不由自主地安静下来。

这些集体催眠可以让身心停顿，让灵自在飞翔，与天地万物合而为一。

仪式是十分重要的，仪式不只安顿了灵，让灵有个好去处——这个灵包括往生者，也包括还活生生呼吸着的人们——也舒坦了身心，让一切的牵挂思念、悲欢离合，有如大江东去一般注入漫长的时间洪流中。

往生前，狗猫需要仪式，因为仪式可以为主人加分。当主人十分恭敬、十分慈悲，而不是哭闹不舍，它们的灵就可以安息。

往生前那不断的祝祷，可以指引狗猫放下最后的牵挂，安安稳稳地从头顶的窗口离开，向着强光勇往直前，从而回归本真。

没有任何一个宗教曾立下轨仪来安顿动物，毕竟古老宗教的产生旨在安顿人心。然而，我却在藏传佛教中找到了往生被与金刚砂。

金刚砂来自恒河，有人称之为金刚明砂，经过高僧大德的诵经持咒祝祷，注入无限的欢喜心，它的神奇也不下于佛教徒所奉持的大悲水。

往生被，又称陀罗尼被，黄丝巾，印有诸天古佛圣号睿智咒语，其加持功能恐怕没有人会怀疑。

我有幸得了一些诺那华藏精舍所供养的金刚砂及往生被，在没有仪轨可遵循之下，我给了动物一个十分简单的临终往生的仪式。

黄色，是我们的眼睛最易感受到的颜色，因为黄光的穿透力最佳，所以常常成为帝王的颜色，也就是所谓的黄袍加身。金子正好是黄色，所以称之为黄金，自古以来都是人类的宝贝，也是全世界通用的货币，上通九重天，下达诸有情。

当狗猫即将往生，将往生被为其盖上，可以暂时让它们的冤亲债主却步，让它们的灵可以往上提升。当它们提升到可以去佛祖那里好好修行，修行到一个更高的层次，就可以去普度它们的累世冤亲债主，让他们开智慧，放下执着。

任何人与动物只要可以让累世的冤亲债主得到提升，累世所造的业，不论善业、恶业，就全部可以转化成慧业。

盖上往生被，开始唱颂最简单的圣号，让它们尚未消失的听识很专心地跟着唱颂，这样它们就会一心不乱。

越简单的圣号，它们越容易跟随，毕竟它们这一世是动物，无法唱颂太复杂、太长的开智咒语与真言。我们可以在它们的耳边不断地唱诵佛号，同时要它们一心不乱地跟着唱颂。即便无法字正腔圆地唱颂，至少也要一顿一顿地跟着打拍子，就像在敲木鱼一般。

通常它们会静静地慢慢停止呼吸和心跳，接着它们会大声长叹，往后仰再头点地。

## 亲身为之，虔诚祝祷

当同伴动物往生了，可以用人往生时所用的金刚砂，点少许在它们的头顶、喉头、心脏以及四肢关节。

8小时不移动，据说可以让地水风火的解析过程顺顺当当。然而不是所有的狗猫都可以那么幸运的安享晚年，例如手术或车祸时的往生，不移动是不可能的。

移动的初衷是不让他人麻烦，否则它们会被扣分。试想，手术台可能马上要进行下一个手术，霸占了8小时，可以救活的其他众生却因此被拖延，一样会被扣分。

因车祸往生时可能血流满地，不移开加以清洗，可能立刻招来苍蝇，甚至让路人心惊胆战，这也是要扣分的。如能找得塔香点燃更好，因为塔香可以净化磁场。

如果在高速公路上看到狗猫的尸体，正在高速行驶中是无法停下来替它收尸的，这时只要诚心替它们祝祷，效果同样很好。

往生的狗猫送去焚化之后，我希望主人们可以持续49天持诵往生咒，对它们有利益，也可以开智慧。因为往生净土神咒本来就是用来开智慧的。当然你也可以唱颂玫瑰经，只要是你所熟悉的，大都是有助益的。

在临终时，敲敲它们的头顶窗口，让它循声辨位知道要从头顶出去。

有些人会焚檀香或是点精油，其实都可以，如果这样你才会安心，那就尽管去做。因为你的慈悲，它们再也不用在畜生道轮回，因为你安心，它们就放心。把心轻轻地放下，它们自然可以顺利往生，甚至就脱离了轮回之苦。

持49天的往生咒常常比给它们做法事更有功德，因为许多法事就像平时没得吃，趁着大过年好好吃一顿。这一顿之后的下一顿呢？持续49天不间断，所有的思念与不舍自然慢慢淡化。

需要替它们做七吗？只要你认为有需要就去进行。替它们立牌位则不见得必要，因为牌位不可能永久。立了，你知，子孙却未必知。当我们也去了，牌位靠谁来供着呢？不过就是多个牵挂，终究是不圆满的。

如果你曾经草草了事，没有好好替它们善终，忏悔吧，忏悔的一瞬间，它们立刻会感应到，不再成为孤魂野鬼。接着，你想好好补偿，就尽力去做。

仪式首重亲身为之，心中的虔诚比找些大德高僧诵经还有意义，因为，大德高僧终究与它们不相熟。花了钱，功德未必高。诚心诚意地唱颂，每念一句，你就加一分。《地藏经》里就讲了，助念的功德往生者只得其一，念者自得其九。这也是为何助念需要多些人，这样功德才会俱足，往生者才能得益。

简单的仪式，是它们让我们加分的机会，因为各修各得，你可以加分，它们当然更能加分。

请用一份清净心，替自己开智慧吧。

# 为什么要树葬？



地球供养了我们，也供养了动物们。当我们不再需要大地之母供养时，唯一能回馈的，就是让焚化的余烬作为肥料，让大地不那么枯老。

树葬就是将烧出来的骨灰磨成粉末，直接在树下挖些泥土，混合了埋回去，让树木多一份滋养。

树木正是大地之母的头发，繁茂的头发让大地之母宽慰，就如同有繁茂的头发让人自信十足。人们秃了头，总是想法子遮掩，寻求各式方法，就是希望不要“头顶无毛，办事不牢”。地球不要秃头的心念跟人们不要秃头的想法是相通的。因而让大地秃头，是不道德的。

自古以来，人类从来不曾做过真正有益于地球的事，即便现在的环保、生态保育，重点与最后的目的，也只是希望人类不至于绝种。而人类担心灭绝的原因，主要出于人类是所有的生物界中的顶级消费者，从来只是掠夺而无丝毫的贡献。毫无贡献的员工却又坐领高薪，这是没有哪个当老板的可以忍受的。

## 万物之灵，伤害最深

讲个大家都知道的简单现象，到目前为止，虽然德国的专家推测，古老森林所释放出的甲烷可能也是破坏大气臭氧层的凶手之一，然而，现有的主流认知，二氧化碳过量恐怕还是主要原因。

所有的哺乳类动物其实都是二氧化碳的制造机，而且是二十四小时不停止。植物正好相反，白天经过光合作用呼出氧气，到了夜晚才吐出二氧化碳。

大量的二氧化碳除了堆积在大气层中造成温室效应，也溶解于海洋里。鱼类也靠氧气过活，过量的二氧化碳溶在海水中，鱼类的数量只会日益减少。

海洋鱼类会逐渐减少的另一原因，是它们得靠淡水河冲刷而来的无机盐存活。现在的河流因为各式各样的水坝阻挡，于是流入大洋的无机盐逐年减少。

生态学家早已预测，中国大陆的三峡大坝建成，长江水量会锐减，将来中国大陆东岸的海洋中的鱼种与鱼量必然越来越少。

鱼量减少，人类势必要更依赖陆地上的经济动物，以提供动物性蛋白质。尤其是地球人口已突破61亿，为了养活这么多人，除了广种米麦杂粮，只得蓄养大量的经济动物，野生动物的数量日益减少，畜禽却有增无减。

为了养活这群鸡鸭牛羊猪，必须大量生产它们的食物，例如黄豆、玉米等，这些作物的栽种需要大量的日照，所以扩张耕地的最简单的方法就是摧毁森林，因为它们高耸入云挡掉了大量的阳光，使得庄稼无法存活。

14.5亩草地1年只够养活3头牛，1头肉牛必须养满3年才能上市。换句话说，吃牛肉是十分不经济的，以牛排来说，一头肉牛做出的牛排，只够6个人吃一餐。如果这些地用来种植稻米杂粮，可以养活的绝对不只6个人。为什么说人类是顶级消费者，就是这个道理，因为我们从来都是耗费最多资源的掠夺者。



## 地球生病了



人类与动物其实是寄生在地球上的，可以说都是地球表面的“病菌”。

地球为了要摆脱这些过量的病菌，不时打冷战，引起地震海啸来摆脱这些病菌。再不行，就是生出瘟疫，或者使人类自相残杀，或让动物界弱肉强食。

可是近代医药发达，瘟疫起不了大作用。以SARS来说，全球顶多少了5000人。再看战争，大量的毁灭也没有遏止人类与动物的大量繁衍，所以大地之母干脆引发许多慢性病，让人们长期在磁波辐射的影响下慢慢凋零；再不行，就是让精神方面的疾病越来越多，让地球的病菌自己慢慢地萎缩、灭亡、消失。

我们讲大地的反扑，语意里仿佛地球攻，我们守，然而我们的精力更应该放在如何回馈大地上，因为减缓损伤仍然抚慰不了大地的呜咽。

抑制人口增长势必引发老龄化的社会困扰，老龄化会造成医疗保健的排挤效益。追求健康长寿是主流意识，是否会与地球所能承受的临界点有摩擦呢?

主流意识也在演化，像日本医界正努力宣传将癌症视为慢性病的想法与做法。国内也逐渐有这种认知，人人害怕的癌症透过医疗科技的进化，已经不再是无药可救的绝症。

我相信医疗的主流意识，应该奠基于地球的利益之上。这无关进化或退化，因为地球就这么一个。

当然，人口问题牵涉到文化、道德，也牵涉到社会国家的命脉，做法一直在演变。早期的农业时代需要人力，所以大家努力增产报国。进入轻工业时代，人力过剩，于是有了“两个恰恰好，一个不算少”的口号。现在网络时代，少子化将演变为严重的社会问题，许多地方又开始放开生育政策……人类的作为常常都忘了地球也有发言权。

过度的膨胀，包括科技、人口的膨胀，对于地球只有损伤。许多单一的价值标准持续左右人类，包括：追求卓越，领先群雄；模特儿纤瘦的身材才是美好的身材；要生活得更安逸更舒适；资讯唾手可得，极其便捷的交通；丰功伟业，青史留名；速食化的逻辑思维；外在更甚于内涵等。这种膨胀短期内很难遏止，每一种都是一把利斧，不断地砍伤地球。

## 唯一的补偿之道

这是我鼓励树葬的基点，树葬是完完全全回归大自然，结束这段因缘。

如果住宅附近没有空地，也可以用家里的盆栽，搬家时还可以带走，减少牵挂。

佛家说：万般带不走，唯有业随身。人与动物的尸体，完全焚化之后剩下的骨灰大都是钙粉，对大地不但无害，多少还可帮助植物生长，至少是人类在临死之际还能回馈大地一些肥料。

土葬习惯于找好风水，好风水常常就是好山好水，也常是水源区，一旦持续被污染大地的尸骨所占据，越来越多的后代子孙将来恐怕真的就无立锥之地了。

最近，科学家就警告了，地球暖化已达到临界点，也就是说，地球的暖化已经开始，剩下来的只是速度问题。所有的动作都太迟了。当地球开始暖化，保护地球的大气层恐怕逐渐稀薄，这时太阳系里无处不在的大小陨石直接撞上地球的可能性就变大了。当年的月球或许就是这样形成的。未来，月亮恐怕就不止一个了。

佛经里最有价值的两样宝贝就是“忏悔”与“成住坏空”。

“成住坏空”就是宇宙演化的程序，这时正好是地球处于“坏”这一步，接下来是空，也就是毁坏了就虚空了，什么都没有。唯有忏悔，忏悔是起心动念、减少业障的第一步。

我们无法改变“坏”的进行，却可以用忏悔来安顿那焦虑虚无的心。首先，就是向大地之母忏悔，同时以微薄的肥料来滋润大地，这就是树葬的真谛。

至于这等回馈，这等不再践踏，究竟成效如何，究竟减缓“坏”的速度如何，不是你我可以知道的。

树葬就是一种忏悔，一种补偿。

# 正视安乐死



大多数人都以为给狗猫安乐死，不过是给它们打一针，这等念头就像衣服过时了、鞋子穿腻了、玩具坏了、电脑旧了，扔掉就是。许多人怕同伴动物恶化，怕它们痛苦，所以希望一针结束，这种情形非常普遍。有人是因为经济能力有限，无法负担医疗照顾的费用。更有人觉得它们看起来十分可怜，不如早早替它们结束，好让它们早早超生……这么轻而易举的决定，很可能后半辈子都在懊恼，当初的决定是否错了，是否有些草率。

教科书里不断提到可以给予动物安乐死，却没有教兽医师如何安抚狗猫的主人，因为，写教科书的人秉持严谨的科学态度，认为那是心理学家、社会学家的事，无关医疗技术。其实安乐死跟到加护病房里拔管、关掉心肺辅助机一样，是何等慎重，何等艰难。

执行很容易，做出决定却最难。

如果以决定是否拔管的心情来面对狗猫的安乐死，那么失误就会降到最低。就像突然拔掉电源，而你仍在电脑前敲键盘，请扪心想想，那种沮丧简直如丧考妣，没有人喜欢这种感觉。同理，所有方法都已努力尝试过，所有的后事都已安顿好，这时决定拔管，心底只有解脱而没有遗憾。

医生们最不喜欢给动物们安乐死，迫不得已时，也必须满足以下三个条件：

一、动物所感染的病菌具有高度传染性，而且完全没有治愈的可能；

二、慢性病的末期，已经无法进食，而且不断地大声哀嚎，严重影响邻居安宁；

三、已经疯了，有极其恐怖的攻击行为，连主人也无法幸免。



## 终须一别，不逃避

20年前，有位外国传教士娶了个台湾太太，生了两个小孩，收养了一只流浪狗。后来因为要被派往巴西，上级单位不愿负担这只狗的运输费用，而他们也不愿随便送人，于是恳求我替它打一针。

我百般不愿意却也无奈，因为医院里早已收容客满，那时候公立和私立的收容所都还没出现，在没有其他任何选择之下，我给那只八岁大的黄色米克斯狗打了一针。

然后，每个人都进来跟它道别，两个小孩哭得很压抑，太太也很无奈地红了眼眶。我没有太多的感觉，那时候还年轻，只有对与错的直接判断，照着教科书做应该错不了，就像法官判案，根据法律条文与眼前的实证，不能有个人的价值观与情感因素。

结果我后悔了很久，至今才释怀。我相信它是肉身菩萨来提醒我：千万不可轻易给狗猫安乐死。

有些人所持的理由，口头上说是怕它越来越痛苦，其实只是自己在躲、在逃避，他们没有把握可以熬到必须说再见的时刻。

曾经，有个英国妇女听闻我收容流浪狗，特地来找我，结果看见狗屋里一只半边头长满肿瘤的老大麦町狗，一再说不要让它再受苦，赶紧替它打一针。

我没答应，她又不是医生。这只狗十分安静，乖乖地吃喝，乖乖地睡，从来不曾给我添任何麻烦，多养它一只，完全没什么负担。它的肿瘤之大，即使手术切除，勉强缝合，必定会扯紧上眼皮，无法合眼睡觉。可是它能吃、能喝，且行动正常，不知犯了哪个天条，必须让它提早离开人世。

如果那位妇女的神以及她所受的教育让她这么认为，我不由得要想，她的神及她所受的教育似乎太肤浅了！外国人最爱讲人道，她觉得我不人道。我倒觉得，她没什么大智慧，很想反问她一句："无期徒刑可以改判死刑吗？你们不是在大力鼓吹废除死刑吗？"——碰到无知的人，请记得给他们一个金刚吼。

想想如果它是一个人，价值判断的标准又在哪呢？

这世界上有多少颜面或四肢残障却依然活得十分自在的人，我们碰到他们，除了祝福就是加油打气。可有谁觉得他们该死，只因为我们认为他们一定活得很痛苦？

面对人一个标准，面对狗猫却又另一个标准，这就是人类的无知。

假使你深信它们是来畜生道受罚受苦的，它们就必须全程走完，我们如果提早替它们结束了，那么未完的刑期又迫使它们不得不再回来受苦，或许就得化为蟑螂、蚊蝇等被人厌恶的昆虫，最终被消灭。

如果你自认慈悲，希望它们早早结束畜生道，然后给它花钱做法事，讨好它们累世的冤亲债主，请它们大吃大喝一顿放过动物们，让它们再投胎转世成为人，这又是另一个无知！花大钱做法事，就像办个法事一样，一年或是三五年，就吃这么一顿，那其他的日子呢？依旧饥寒交迫吗？说穿了，是你又得到一个暂时的心安罢了。

累世的冤亲债主如果这么好打发，天底下再也没有悲剧了。悲剧未必是悲剧，如果动物们通过这么一个过程而得以重生，悲剧其实是喜剧。喜剧不是只会让人无知的开怀大笑，真正的喜剧是让人含着眼泪微笑。





## 勇敢面对，了无遗憾

我不断提醒读者，同伴动物们是伴读书童，是我们的共修，就像我们的父母、兄弟、姐妹、夫妻、儿女一样，共修就是要弥补我们的短处，增长我们的智慧。

也许，你从来没有经历过生离死别，那它们是以自己的肉身在告诉你，这究竟是怎么回事。有人不敢轻易地拔管，是因为他们根本还没准备好，不知道拔了管接下来该怎么办，这不过是种逃避、拖延罢了。

但是我也常常用这种拖延战术让主人们从惊恐绝望、手忙脚乱之中，慢慢安静下来，让动物们慢慢地、完整地向主人呈现生命的有限与人生的无常。无常本是存在的，只是人们常常没机会，也不敢去了解它。

这个濒临死亡的过程是一次重要的生命教育，没有福气的人还不一定碰得到。

整个地水风火慢慢解析的过程，没有所谓的痛苦，只是灵的演化进阶在提升。即使动物必须安乐死，我们必须非常冷静地告诉它们理由，告诉它们，我们真心诚意地要帮助它们脱离苦海。希望它们好好睡一下，然后从头顶出来，远离这个臭皮囊，进入强光，好好享受那个充满无限喜悦的世界。告诉它们要找到耶稣、上帝、天使或是佛祖，跟着指导灵好好走，不可以再乱跑。而且在这一路上，如果看见任何像孤魂野鬼似地到处乱飘的同类或者异类，要勇敢而欢喜地带领它们，尤其是那些横死在街头、荒野，或是屠宰场的不知自己已经往生的孤灵们，要带着它们一起走。祝福它们、鼓励它们，叮嘱它们在另一个世界同样要继续用功学习，好好加油。

每当替那些不断哀嚎抽搐的狗猫打一针之后，看着它们平静下来，我的心中没有悲喜，只有平静。同时充满了感恩，感谢老天爷又让我当了一次公正无私的法官。

通常，主人们也同时会得到解脱。虽然难免哭泣不舍，却可以很快地平抚下来，然后十分理智地、镇定地跟我握手，很快地恢复正常的生活状态，继续上班、上学，因为这一切都是在非常庄严的气氛下完成的，只有安慰，没有遗憾。

# 舍利言说



舍利就是尸骨在高温焚化后，除了剩下的碎骨头之外所残留的结晶，可分成舍利子与舍利花。舍利子是形形色色的结晶，形状不一。相传，诚心供养，它们还会生出新的舍利子。舍利花正如昙花，白绿蓝紫，颜色不一，一两年之后就会风化成粉末。

众多宗教之中，只有佛教提到舍利。

“佛”字，左边站着一个人，右边是弯弯曲曲的线条被划下两道直线。就像人看着世事曲折变化，用两把剑将世界刺穿，这两把剑就是智慧与慈悲。

“舍”就是房子；“利”字左边是稻子，右边一把刀，用刀子来采收稻子。在房子(肉身)里生长的稻子(智慧)，被采收晒干了再脱壳，就出现晶莹亮洁的士米，这就是辛苦耕耘的结晶。

舍利的真义就是智慧的结晶、修行的成果。

到目前为止，科学家无法分析舍利子究竟为何物。其实，如果舍利子可以被分析出来，大概就不是真正的舍利子了。

真正的智慧结晶，是无法量化的。

我只当舍利是智慧往上进化的鉴证，是往生西方极乐世界的船票收据存根，舍利子只有在佛经上有记载，充满了经验法则，而且并非佛教徒才可能烧出舍利子。

## 忠实尽职，舍利流芳

洛威那是种非常威猛的狗，是黑手党最酷爱的贴身保镖。原产于德国，在第二次世界大战期间，纳粹用狼狗与洛威那狗来协助他们的暴行。

凶猛是洛威那狗的本性，但却会因为生活环境而改变，我认识一只名叫 α 的洛威那狗，重达60千克，主人是个弱女子，常常骑着摩托车载它来找我，它就乖乖坐在小小的摩托车上，非常温顺。主人开了间音像店，它就随着主人守在店里，从来不曾惹任何麻烦，即使客人带着小狗来，小狗在主人怀里冲着它吼叫，它也完全不理会；小狗骑到它身上，它干脆四脚朝天随它拉扯。

老洛威那生长在天主教家庭里，却不曾上教堂做礼拜，只是忠实尽职地守护家园，十五岁高龄，晚年只能靠着止痛药过日子，往生之后竟然烧出四颗圆圆翠绿的舍利子。主人很惊喜，我倒觉得那是必然。

有人认为那些舍利子很可能是胆结石、肾结石或膀胱结石。

狗猫的尿路结石有四大类，磷酸钙、尿酸铵钙、草酸钙、胱胺酸钙。第一种最常见，呈白色圆滑状，剖开有同心圆，像树木的年轮，因为它是尿路发炎所引起的，会像雪球一样越滚越大。它在高温下会变成黑灰色的木炭一般，毫无光泽而且易碎。其他三种是黄褐色，本来就易碎，焚化之后更容易粉碎，通常很难找到。

也有人认为那可能是药物金属残留所致，例如抗生素、磺胺剂、化学制剂以及抗癌药物中的重金属类。前三种即使残留都会呈粉末状，而重金属容易残留在牙齿、骨头、肝、脑等部位，且通常很细小。如肝细胞的铅中毒，其组织切片还先得经历正常染色过程，才能用显微镜看见。有人说这些舍利子会不会是狗猫曾经吞食的坚硬异物！只是这些异物必须好运到不引起病痛，否则在X光下早已被发现。

我碰到的坚硬异物有鱼刺、硬币、石头、果核、缝衣针，骨头、弹珠、耳环、戒指、玩具、牙签、纽扣等，不一而足，这些东西一旦高温焚烧之后，如果不融化就只是略有变形，肉眼是很容易辨别的。



## 放空一切，智慧结晶

释迦牟尼当年留下了8.4万份舍利子，至今还有一些存留各方，佛门弟子无不以亲炙舍利为一生的荣耀，这2500年来都不会腐朽的正是智慧的结晶。弟子们尊崇还来不及，哪还敢存一丝一毫的怀疑与不敬。

佛祖留下了全身的舍利，至今仍旧孜孜矻矻地引导着我们。正因狗猫有这样虔诚恭敬的心，在其焚化后会有许多舍利子、舍利花产生。

只要狗猫得到正确的引导，如果它们当下得以解脱，就会留下许多结晶。其实，这正是放下屠刀、立地成佛的本意。狗猫劳碌了一生，在最后也就是最重要的时刻里，很恭敬地把我们给它们的祝祷全部吸收，瞬间化为结晶，留下无限的宽慰。

狗猫的舍利子，很难像大德高僧的那么晶莹，但仍旧掷地有声。狗猫的舍利子像琉璃，像烛火流下来的蜡滴，或者像珊瑚，形状不一，却有一个共性，就是其坚如钻石，掉落到不锈钢的台子上，会发出清脆的金属声，而且完好无损，甚至仿佛有磁性，掉下去大多弹不起来。

舍利子常常像蜡滴一样留在骨头上，颜色不一，或翠绿，或墨绿，或乳白。舍利花则仿佛菇蕈一般从骨头上长出来，乳白、翠缘、透明，易碎，究竟怎么产生的，没有人知道。我只知道，只要一心一意，放空一切，自然会留下结晶。

我检视过上百副焚化后的狗猫骨头，舍利花有多有少，舍利子却少些，我常鼓励主人留下来做纪念，因为这是个鞭策，狗猫从来不曾开口唱诵佛号，或是赞美主，何以还能产生这些结晶？这不是什么神奇的事，反而让人心生警惕。它们把自己的角色扮演得恰如其分，所以得以拿高分毕业。

我常常就借机说些道理给这些动物的主人听，甚至在它们接近生命尾声时就先提醒。有时是脱口而出，有时则是纵观它一生的表现来判断，而它们从来不曾让我失望，这大概就是所谓的上帝的恩典吧。

## 无常宇宙中，舍利安人心

我总希望因为狗猫，主人们得以加分。又因为让主人加分，它们自己也加分。

我喜欢让主人们一起来检视，看那原先坚硬的骨头、牙齿，如今轻轻一捏就碎，再仔细把那些结晶挑出来，然后把骨头倒入大研钵中，慢慢地磨成粉末。

一般三四千克的狗猫，磨碎之后，刚好满一个酱油碟子的量。

舍利子是金刚不败吗？那也不尽然。因为太珍贵了，供奉都来不及，谁也不敢把它们拿去做实验。信者恒信，并不在乎它是什么，而是因为它得来不易，更坚定了人们的信念。然而，历史上曾经也有为了争夺佛舍利而大动干戈的事情发生，古人争的是佛舍利的庇佑，而不是质疑佛舍利本身所呈现的宇宙智慧。

目前所知，至今80万年内，地球就已经发生过30多次冰河期，最近一次则发生在距今约18000年前。80万年的间隔里，我相信必定有文明的存在，而今这些文明又在何方？时间的洪流从来不曾停歇，除非黑洞出现，因为在黑洞里时间也没了。也难怪释迦牟尼他老人家总爱提起从前许许多多的古佛，以及我们所不知的历史。缘起缘落，佛去佛来，也许他老人家所告诉我们的种种故事，曾发生在某两个冰河期之间，或者不一定就在这地球上。

根据未来学家——日裔美国人加来道雄（Michio Kaku）在《穿梭超时空》一书里提到的，以宇宙学的角度来看，很可能在我们这个宇宙之外还有无数个宇宙，而我们这个宇宙内，地球也不是唯一有生物的星球。我们的宇宙内有无数个银河系，每个银河系内又有无数个太阳系。佛祖就常常用恒河沙之无限多、不可数来形容无限的可能。许多顶尖科学家，以及诺贝尔奖得主在走向人生的顶峰时，不约而同地挣脱科技的制约，开始谦卑地整合各种人类文明，希望能更多地了解宇宙智慧。加来道雄还提到，每个宇宙可能都有其不同于地球所在这个宇宙的种种定理、定律，自然就有许多我们无法想象的物质世界。

其实，科技的发展常常被科幻小说或电影所启发。最简单的实例就是“星际迷航”（Star Trek）影集中，人们的通讯方式是拍左胸或对着手腕就可以通话，造就了现在几乎每个人生活都不可或缺的手机。在十年前，大概没有人料到手机会如此普及。同样地，我们现在也无法知道未来会有什么新鲜玩意出现，我们应该有的科学态度就是谦卑地包容我们无法理解的事，就像宇宙学家常说的，我们对于这个宇宙的认识只有4%，更何况还有无穷尽的其他宇宙……

这般细想、思索，再回头看见舍利，安了道心，功德无量。

时时刻刻和自己的心对话，学习放下。

如果时候到了，

你若真心诚意地希望曾为学伴的它们好，

要知道，长寿是苦，牵绊是苦，

被当成心肝宝贝更是苦，

不要用自己对死亡的恐惧和疑虑来面对它们的离开，

不要因为自己的不舍，

而让它们在这一世的功课无法圆满。

# 知障



所谓的知障，就是看到了且手中握住了才肯相信，也就是因为知识所引起的障碍，抑或所引发的痛苦。许多人都有这种毛病，一定得从书本上得知才会相信。对于许多智者的箴言，他们总觉得未经验证，无法体会，从而也就无法相信。

古人早已说过：“尽信书，不如无书。”信也好，不信也好，真正的智慧不会因此而失去光芒。就像不管你称呼玫瑰为何，它依旧散发芬芳。

狗猫不读圣贤书，不识方块字，却能遵循圣贤的教诲，知识对它们而言，根本就是多余的。

读圣贤书的人就在框框里打转，转呀转的，日渐腐朽。圣贤书的真义，不是读万卷书，而是行万里路。智慧不在书本里，而在万里路途中。当然，知行合一才能显现真智慧。然而不知而行，当然也不是真智慧。读书人总是只用脑袋瓜子而不用心，顺着你那原本无邪的心，智慧就在那底层。

传颂千年的是那些诗仙、诗圣的佳作，因为诗仙、诗圣道出了真性情。真性情是什么，就是用君之心，行君之意。

你的心是什么，你的意又是什么。人们知道得太多了，反而不知如何运用在生活上，这就是知识筑起的障碍，就是知障。

## 学习动物的一心一意





圣贤尊天敬地，千古不移。孔夫子并不是不愿谈生死，只是他认为书还没读透，谈生死只会徒增困扰。衣冠楚楚的读书人参不透天地奥妙，就只是个读书匠，一个摇头摆脑的书呆子。

书呆子正是狗猫们都忧虑的，因为人们总是将猪犬不如之类的习惯用语说的朗朗上口，但却发现不了自己在吃猪肉的同时又瞧不起它们，这就是知障加荒谬。

狗猫最不希望的就是它的主人犯了知障，因为知障得以解脱的整个心路历程是十分漫长的。它们那浑然天成的智慧仓库里，实在找不到可以一蹴而就的锦囊妙计。

猪整天只想吃，但是它们却不笨，会认主人，而且愿意将奶水分给狗、猫、老虎，甚至老鼠。它们在猪舍的一个角落大小便，在另一个角落吃喝，又在之外一个角落睡觉。可怜的母猪在狭小的高架床上，只能站起和坐下，无法转身。主人深信专家的建议，尽量不让它们有过多的活动，如此不会浪费卡路里，所有的饲料就能充分用在怀孕与产生丰沛的乳汁上。然而，当它大便后，它依旧会努力地把大便踢到栏架外，将躺下的空间弄干净，然后舒服地侧躺下来，让小猪仔们可以好好地吸乳，健康长大。猪无怨无悔地将肉身奉献，请问书呆子们可曾心存感恩?

狗更可怜，人们骂人狼心狗肺，狼的心又如何? 跟我们的心一模一样，两个心房两个心室，只不过跳动得比较快些，只要是哺乳动物，包括人类，都是完全相同的心脏构造。

人类愤怒时就骂对方吃了熊心豹子胆，才敢如此胆大妄为。豹子的胆是比人类的大一些，功能却无他，不过就是把肝脏所制造的胆汁给储存起来，作用很简单，就是要中和胃里已消化的食物。已消化的食物大多是酸性的，如果不中和一下，到了肠道，肠子就毁了。为了不毁掉肠子，胆汁将酸性物质给中和了，好让肠道可以吸收对身体有用的东西。

胆汁可是又苦又臭，没几个人敢尝，敢吃豹子胆的人，不是“胆子”很大，而是品味比较独特。





## 科学仪器也有盲点

有位主人住得很远，偶尔来找我都是坐飞机来，狗狗就装在很小的提篮里。

我曾经给狗狗把完脉后，告诉他，狗狗的甲状腺功能不足，所以才有皮肤掉毛、泛红、变黑、瘙痒的毛病，因此给它开了3个月的药。但是这个主人并没有给它服药，因为他觉得我又没有给狗狗验血，并没有相信我说的话。

几个月后，他来电说那边的医生替它验血，从报告中发现了甲状腺功能低下的毛病。

我告诉他，如果医院突然停电，仪器动弹不得，病就不必看了吗？

这位先生是个教师，相信数据，相信检验报告，相信报纸、电视上说的，相信书上说的，没有安定的心，总觉得狗儿不够健康，只要不是在他能理解的范围里，或是看不到有凭有据的具体实证，就是不太可靠。

我二哥是放射科的老医生，在公家医院待了20多年。院内同事对于他的判断都十分放心。他常常抱怨现在的年轻医生看病，总是喜欢搬出电脑断层、核磁共振，而不好好看看最基本的X光片。不好好磨炼基本功，总想依赖一大堆的检验来诊断疾病。

X光片是实体大小的透视图，是黑白的负片，X光射线穿透的量越多越黑，被骨头、肌肉、结石、金属等阻挡而穿透的量越少则越白，可以看到骨架、牙齿、脏器的形状，通常会照两个面，正面与侧面，以此来建构立体的影像。即使如此，还是会有诊断的死角，于是又发展出超音波、电脑断层、核磁共振、正子摄影等，有利于发现复杂或微小的病灶。当这些都不足以明确诊断时就采用探测性开刀，直接打开来找，并且采样做切片。所以X光片诊断是基本功，通常可以解决大部分的病例，相较于其他检验技术而言，其费用也算是最便宜的。

用心的中医看病望闻问切，连个听诊器也没有，就可以头头是道地说出一大番，因为他看病可是集中了精气神，简单地说就是用心。

我曾经去纽约的动物医学中心进修，认认真真地学习，在那里打下了扎实的基本功。在中心，所有的住院医师都必须在放射科主任的指导下进行磨炼。

我在上课之余就到放射科的X光判读室里，跟住院医师一同看X光片，一天看的X光片量是我在学校里所看过片子的总和。甚至偶尔还会在片子上看到一些他们没发现的，如肾脏延伸出来的集尿管上的小结石。

知障的原因之一也在于基本功不扎实，以致太依赖仪器，而忘了自己还有脑袋，忘了还有眼耳鼻手心。

## 用了心，再读书

许多国家医疗奉献奖的得主及老医生，一生服务穷乡僻壤，没有大量的高精密仪器，只有诚恳奉献的一颗心，以及最亲近的眼耳鼻手心，用大医院里早就失传的精巧手艺替乡民看病，诚心诚意地看病，脑袋里没有升官发财，没有名扬四海，只有一个最简单的念头，就是医病医心，让来求诊的每个病人的身心得到安顿。

用心而且全心全意的老医生、老师傅在科技狂澜里，只有逐渐凋零。就像麦克阿瑟将军说过的："老兵不死，只是逐渐凋零。"

必须靠仪器才能诊断的医生，坦白说就是没被教好，教他们的老教授们常常忘了破除他们的知障。试想，如果没水没电没有一堆仪器，医生们真的就不用看病诊断了吗？在迫切的那一瞬间，生死一线啊！

亚东纪念医院的院长朱树勋教授曾经提到他如何救了一个心脏被子弹打穿的病人。当时他还只是个小小的实习医生，由于时间紧急，他没有时间消毒，没时间戴上灭菌手套，就直接用手指将心脏的破洞堵住，直奔手术室，竟然将病人救活了。

没有洗手消毒，没有戴上灭菌手套，居然敢直接堵住破了洞的心脏让它不再流血，也因此保存了生机。这可不是教科书上的标准程序，却救活了一个按正常程序可能救不活的病人。

当所谓这些标准程序已成为主流意识时，人们开始产生了依赖，依赖仪器、依赖书本，而忘了还有直觉，忘了老天爷赋予他的眼耳鼻手心。

印度哲人克里希那穆提曾说过：“直觉就是智慧。”那灵光乍现，屡屡改善了人类的生活。

人们当然要多读书，但同时必须用心。

# 牵挂



牵挂是最牵肠挂肚、最折磨人的苦。

狗猫不喜欢牵挂，生前它们无时无刻不在牵挂，无时无刻不在守护，往生了，回到那个永恒的世界，它们就把牵挂这个枷锁完全放下了。

它们为何可以那么洒脱？那是因为完成学习、完成任务，当然就离解脱更近了。

儒家学“圣”，道家学“无”，佛家学“空”，基督教则是以天国来应许众生。其实天国、圣界、无、空都是一体的，有所差别只是在人类进化过程中所经历的不同境界。

牵挂是细如丝的绕指柔，仿佛存在，却又看不透；牵挂是最难斩断的烦恼，也是最沉痛的苦。

苦是因为习惯，习惯于回到家动物们就急切地追上来，习惯看见它们总是懒洋洋地躺在沙发上。突然看不见它们，家里仿佛空荡荡的，十分不习惯，于是开始思念牵挂，思念它们在家的时光，牵挂它们现在在哪儿，过得可好……

殊不知啊，思念牵挂只会羁绊它们，此时的它们早已不是他们的它们，或许它们正在那永恒的灵界修行。所谓一念三千里，这一念，也许就会打扰正专心聆听佛祖说法讲经的它们。这样地打断是很不道德的。

你可能会说，我就是没法子不想呀，我就是牵挂啊，虽然你也知道这种牵挂对自己对它都没好处，让它不能安安心心离开，自己则是生活大乱，但就是不由自主啊……这不是无解，只看你愿不愿意。如果你愿意，让我们一起回到原始点——正知（正向的思考）、正觉（正向的觉醒）、正信（正向的思维）。



正知就是好好想想，想通了就会发现，原来牵挂只不过是习惯了而已。习惯有好有坏，甚至不是坏的也不一定好。

权威时代的总统招募了许多挡子弹的随从，他们是孤儿，进入官邸后只会做一件事，就是总统一出门，他们马上围在他四周保护，当总统过世之后，他们就解甲归田。

有位老随从已经80多岁。回到家还是习惯坐在电话旁，从前休假时，只要电话来了，他就立刻归队。守了没多久，他就死了。

其实，牵挂成为习惯之后，就成为幽灵。幽灵是自古以来人类所畏惧的，不管你是帝王、总统或是凡夫俗子。幽灵就是无法理解的恐惧，是天灾突然降临时你的第一个念头。

## 破习惯，努力修持

还有一个更凄凉的故事，也是长辈告诉我的。

长辈有位教书的同事，老公是机师，非常疼她，孩子大了都去了美国，就剩老夫妻俩，她已经习惯了老公无微不至的呵护，那也是她老公基于补偿心理的体贴。结果，老公先走了，她成天坐在摇椅上抱着老公的照片，不吃也不喝。子女要接她去美国她也不要，不到半年，从来没什么病痛的她就这样走了。

习惯没什么好与坏，都是苦根。

有位老奶奶，每天清晨恭敬地烧香拜佛，祈求阖家平安。一天，她病倒了，没法子起来做功课，她十分牵挂，怕佛祖因为她没来而生气，心底十分痛苦。

她脱离了她的习惯，不由自主地产生罪恶感。这个罪恶感之所以会产生，除了她识字不多，对事理了解有限之外，主要就是那举世皆知的人性弱点——习惯。人性里有许多坑坑洞洞，这些坑洞正是人类必须勇敢去进化的理由。

神明可以保佑你，因为他们也需要功德，也需要学分才能圆了他们当初修行时所发的愿。

佛祖是圣贤，是模范榜样，人们跟随他们长进。其实他们很清楚各修各得、各造各受的宇宙智慧。人们很快乐地不断长进，他们就十分宽慰。因为他们是圣贤，他们最不需要的就是被祈求。请问，同为圣贤的孔孟，可有被膜拜与祈求？他们从来不曾受领香火，只有在大考之前，或是到了教师节才会有人想到，而这个“想到”，甚至有时还有观光的利益考量。

所谓“人靠衣装，佛靠金装”，佛祖喜欢人们很欢喜地跟他们问安，而不是事无巨细都要他们保佑。如果是这样，当佛祖就太累了，天天都有亿万人在祈求他们保佑，他们不闻声救苦也不行。

请相信：谁也保佑不了你，谁也救不了你，只有你自己才可能救你自己，所谓自助而后天助。就算神仙要救你，你得是扶得起的阿斗才行。

神佛会出手点拨协助的，是那些非常努力修行长进却又遇到瓶颈或是关卡的人，而不是蹉跎日月、不努力、不长进，却又要糖吃的苦瓜脸。

## 祝祷，彼此都受惠





有了正知，就要进入正觉。等你“知”道了，也“觉”察了，那牵挂的苦自然可以解脱。

伤神牵挂动物，也会伤了你的心，最终只会是两败俱伤。

正觉，就是真正的觉悟，悟出一些长智慧的方法。

牵挂，还不如祝祷，祝祷它们在那永恒的灵界里好好地继续修行。所谓水涨船高，你精进的同时它们也得以加分，这也适用于祭拜祖先——给他们鸡鸭鱼肉，鲜花，水果，不过就是饱一顿。那些尚未投胎转世、尚未精进提升的祖先除了我们给予的供养，最重要的就是因为你的精进修行，他们同样受惠。因为后浪推前浪，你的努力使得他们早日圆满，所以祭祖时最重要的话是：我会好好修行，希望在那个世界的你们也同样好好修行。

对已往生的狗猫，与其承受思念、牵挂等心理上的折磨，倒不如定下心，给它们祝祷鼓励。鼓励它们回到原点后，还是不能忘记要继续修行。

再一次提醒你，它们本来就是你的共修、伴读。共修，就是在良性的竞争之下，大家不是状元，就是榜眼。总之，功名榜上，大家都名列前茅。

如果你刚开始修行，可以循序渐进地从瑜伽、禅坐中关照你的心灵开始；从认真的呼吸开始，关注你的身体。带着感恩的心，谢谢你还能呼吸还有心跳，因此才可以用这色身好好修行。

当你真切地体验每一个呼气、每一个吸气，心就变宽了。宽心之后，灵就快活起来。

如果你有遇事先祈祷的习惯，那就从祈祷开始，引导动物们跟你一起祈祷。如果你有读经持咒的好习惯，那么立刻行动起来吧。所谓学佛就从行佛开始。就在这祈祷、读经、持咒之中，牵挂这等苦自然就慢慢分崩离析。

祝祷持咒，就是告诉你的守护灵、指导灵，从此刻开始，你愿意对自己负责，勇于承担、勇于精进。

# 它还有多久？



得了癌症的人，最想知道的是自己还有多少时光，在悲痛之余他想知道，家人们更想知道。

当狗猫们得了绝症，主人同样心急如焚，因为他们需要时间来适应，来准备。

医生们最怕回答这个问题，就如同他们非常不喜欢宣告这个坏消息一般。

有个医学界的老前辈在闲聊中提到一件事。手术台上，病人不幸往生了，这时谁也不想出去告诉家属这个不幸。于是他们推来推去，最后只好猜拳，输的人必须硬着头皮，乖乖去推开手术室的门告知家属。

医生是个在高压锅里过日子的职业，接受教育时就开始挑战脑力、体力与精神状态的极限。台北市医师公会曾报告，他们会员的平均寿命比台北市民少10岁，而美国的兽医师在专业人员自杀率的排行榜上名列第三。

外科医生的压力尤其重，一半是自我的要求，另一半则是病患家属的期盼。手术前的检验与预测，常常无法百分之百准确。以骨折为例，X光片只是看到骨头、变形的肌肉、韧带及移位的血管，可能在切开时突然炸开来。片子里清楚看到的骨头却不知在哪，摸索半天，拨开断裂的肌肉，终于摸到了，这时一定得小心，尖锐的断端很可能会划破手套，或者刺伤手指。软组织不能随便切断，只能慢慢用钝剥技术来分离，很可能血管与神经就在里面，运气不好的时候，你所面对的是已经骨折好几天的病患。在救回生命的优先顺序下，这个手术排在后面，这时未及时清除的伤口血块可能已经开始腐败且四处蔓延。在第一时间立刻处理应该可以挽回，但这时恐怕只能截肢。那种想救也救不回来的锥心之痛，一般人偶尔碰到，痛哭一场也许就过去了，但是医生却永远需要重复去面对。

当手术快完成时，突然心跳变慢，血压降低了，呼吸停了下来，心底所冒出来的念头是："嘿！别跟我开玩笑！"运气好的时候，能做的紧急处理最终会把病人从鬼门关前拉回来。运气不好的时候，好像被老天爷重重打了一拳，汗水湿透全身，已经空白的脑袋还得挤出一些话语来面对在外面焦急等候的家属。手术若是顺利，累一点没关系；一旦失败了，面对家属会是从天上突然掉下来的酷刑，会把手术时的疲累全都赶跑。

这一步步，仿佛穿的是千斤的铁鞋，沉重啊！

回答这种还有多久的问题，却比千斤铁鞋还令人沉重。然而，有问就得有答。通常医生会根据统计数字来推断，然后给个答案，只是，未必是最终的答案。统计的是一些最佳的可能，当然也会有意外，生命这个玩意儿未必能十分精确地给算出来。所以，医生们能给的答案通常是笼统的，是统计出来的概率。读者可还记得我前面提到的三三定律？有三分之一握在老天爷手里，这是不可测的三分之一。

## 宽心，度过每一天

之前我就提过，医疗工作者跟修理车子的“黑手”师傅没什么两样，他们想尽办法让车子可以启动，可以跑，但是他们也不知道车子还可以跑多远跑多久。因为，开车的人也很关键，小心驾驶当然可以开久些，手粗脚粗的人就非常难说了。

生命不是机器，什么时候累了就熄火。有时候还真猜不准。

《了凡四训》的作者袁了凡年幼就被“铁口半仙”判下会早夭，结果他自己扭转命运活到了74岁。

他非常珍惜老天爷额外给的这70多年光阴，并且把诸多珍贵的人生经历写下来奉劝世人，成为寺庙口到处都可见的善书之一。全台湾大大小小的宫、庙、寺，都会有各种经书劝世文，在信息不发达的年代，其教化的功能与野台戏、布袋戏、傀儡戏并行，潜移默化之下，形成相当纯朴的民风。

净空法师就曾经提到，他的八字也很不好，算来算去只能勉强活到40来岁。如今他已80岁，依旧到处弘法。因为他念头一转，要不畏生死，努力过好每一天。他的“净空学会”专修净土宗，鼓励大众专心念佛，同时到处鼓励信众帮往生者助念，希望大家有一天都能在西方极乐世界相会。

慈济的证严上人从小心脏就不好，如今也已是70岁高龄，仍旧风尘仆仆，四处救苦救难。

法鼓山的圣严法师身子骨一直不太好，近年来为肾脏功能变差所苦，仍旧以自身修行为榜样，到处弘法，参加联合国的宗教活挂。在2006年的台大毕业典礼上，他勉励学子不要只追求升官发财，要努力储存生命之财，因而在台湾引发一连串的共鸣与赞叹。

佛光山的星云大师80岁高龄，心脏做过手术，腿也开过刀，断过几根肋骨，悠游在生死关前数回，却依旧神采奕奕地讲经弘法、写作著书，办《人间福报》，在海内外建了3所大学，为人间佛教的弘扬不遗余力。

其实，狗猫跟这些大德高僧一样不畏生死，它们平静地过好每一天。当那一天来了，也不过就像电池没电一般，腿一蹬；反而是我们的忧虑让它们担忧，我们惊恐地过着每一天，担心那一天到来。

宽心是一天，提心吊胆也是一天，被折磨的都是自己。




## 流过泪后，努力放下

地球目前最大的威胁不只是臭氧层空洞越来越大，因为地球的暖化只会越来越快，而还有那些银河系里的“流氓”，就是那些自从盘古开天地以来就存在的流星陨石。称它们为“流氓”，只是彰显它们的不按常理出牌，不按我们所建构的文明礼教所讲求的秩序运行。科学家想了解宇宙运行的规律，这些星球生灭时所爆发出来的副产品，就像无处不在的捣蛋鬼。

地球曾经被大大小小的陨石撞击，因而造成千万年前恐龙的集体消失。最新的观察是公元前2100年左右，陨石会再次撞上地球。这么说来，地球人还有八九十年的时间来解决这个大碰撞的麻烦。只是这个问题目前只有天文学家、宇宙学家在担忧，而这些手无缚鸡之力的“书呆子”们，却永远无法说服那些生活在地球上的其他人去正视人类生存的关键时刻。

宇宙星球的生生灭灭永不停歇，在小小地球上的动物们也同样地来来去去，要问它们的寿命还有多久，跟这个攸关人类命运的麻烦相比，就显得十分渺小。

我之所以把狗猫的生死放大到和地球的生死来对照，目的只有一个：灭绝这种机制绝对不分大小。如果读者还沉陷在小小的灭绝漩涡之中，那就太小家子气了；就算我们整天提心吊胆、焦虑恐慌，仍无法改变陨石的行进轨道。

圣贤不断告诫我们，如果不停地担心、害怕、哭泣，可以让悲剧不发生，那就继续担心害怕吧！我也常常遵循这个教诲，当动物往生那一刻，主人们放声大哭，我就会说：“如果大声哭泣可以叫它们活过来，那我也陪你们一起哭吧！”但是扪心自问，这真的是你想要的吗？当然，强忍伤痛也不健康，然而宣泄伤痛也不该只是痛哭一场，哭完了，是不是心头还是一片怅然？





同伴动物刚往生时，听说还有8小时听力才会完全消失，也就是说，其它所有的机能都丧失时，听觉还会持续8小时，这是它往高处、善处提升的黄金时间，你应该以它的未来为优先考量。如果心头还是沉闷，想痛痛快快大哭一场，不妨去青山绿海，面对浩瀚的无边无际，将卑微的一点点自我障碍还诸天地。甚至可以学学小孩子，哭完了，完全放下，高高兴兴地继续嬉戏。紧抱伤痛还不如将它轻轻放下，转而深深吸口气，用力吐出来。检视四周有没有看不顺眼的脏乱，站起身来将它们处理掉。或者去安抚有同样伤痛的人，这时伤痛反而可以正向转化成灵性提升的推进力。

## 踏实地过，继续做功课

该来的一定会来，至于还有多久，只能预估猜测，倒不如平心静气地、老老实实地安抚它的身心，先把它的后事打理好，告知与它认识的亲朋好友尽快抽空来看看它，给它加油打气作为告别。每天提醒它将来要从头顶的窗口出来，去它该去的地方，要非常勇敢地往前走，不要回头，因为那是一个充满光明而崭新的开始。要它不可留恋、牵挂，每天不断地讲，讲给它听，也讲给自己听。

该去哪儿就去哪儿，不要有过度的期盼，尤其不要盼望它将来再回到我们身边，甚至当我们的小孩。这种盼望也许会让它们不由自主地承诺，可能会打乱它们既定的行程。

有人主张，要告诉即将往生者尽快去投胎，但灵魂若没有好好地努力修行，即使再次转世回来，对这个世界的帮助也不大，而是徒增地球的负担罢了。倒不如趁着轮回的空档好好休息，把累世所修得的学分好好查核一番，缺什么学分就补修什么课。如果在另外一个世界就可以补足，当然不用急着回来。当它们修行圆满了，自由自在了，若地球人类碰到大劫难时，再回来鼎力相助就好，届时，它们已经不再是以前的它们，它们的能力更高了，可以施展的空间也更大了。

踏实地过好每一天，时时刻刻跟自己的身、心、灵对话。每天在睡前检视自己身体的每一个部位，带着感恩的心谢谢它们的顺畅运作。感觉每一个呼吸、心跳，慢慢地，你的心，也就是你的思维就会停下来，慢慢地放空。放空思维就像吃过饭后，把碗筷洗干净，碗筷不洗干净，下一餐拿什么来吃饭呢?

身心安顿好，就要开始灵的学习。读经、祷告、持咒、颂圣号，甚至进行光的课程等，跟你的守护灵一起进修。记得把狗猫也请过来一同学习，这也是它们这一世来的必修学分。

不管还有多久，让自己踏实地过日子，你所担忧所害怕的心情自然会消失得无影无踪。如果心情还是摇摆不定，静不下来，就检视担忧害怕的这些念头，学学佩玛·丘卓( Pema Chodron )，把它贴上妄念的标签，然后摆到一边，继续做你的功课。

# 还能做什么？



"我还能做什么？"这是在医院里常常会听到的感叹，动物医院当然也不例外。

当有如晴天霹雳的坏消息到来时，下智之人便会号啕大哭。哭天喊地，怨老天爷不公，为什么这么好的一个人，这么好的一只狗，这么乖的一只猫，会得这种恶疾，连大罗天仙也束手无策。

中智之人，哭虽哭了，却还能静下来，悲心升起，想尽办法，希望还能做些什么。也许是补偿心态，懊恼为什么平常没有对它们好一些……其实，弥补的只是自己慌乱的心而已。

也许是那一股不愿意向命运低头的斗志，总想再放手一搏。只是，太阳累了，要下山了，留下晚霞让人陶醉一番，千呼万唤，太阳还是落山了。而人类并不会那么孤独无助，太阳下去了，还有月亮呢。大白天纵然有月亮，人们是看不见的。除非运气好，正好一东一西，眼界宽广的人和习惯于谦卑地遥望天际的人才得以看见。

被称为中智之人，是因为他们还有进步的空间。

往者已矣，来者犹可追，我们究竟还能做什么？

证严上人就说过，进了医院，把身体交给医生，其他就交给菩萨吧。也就是说，治病的事就交给专家来处理，其他的让老天爷来做主。

事实上，我们能做的还真是有限，但在心与灵的层次上，我们至少可以加些油。

生重病的人，绝大多数都会万念俱灰，很容易就自我放弃。这真是可惜啊，犹如他在面临升学考试时，却临阵脱逃，不想考了。

生病除了是老天爷让我们得以喘气休息之外，也是一个考验，考验我们的灵是否愿意更上一层楼。

所有的善意谎言其实都已无法宽慰病人，病人真正需要的是心灵安慰。他们想知道接下来会去哪儿，是天堂还是地狱；是心不甘情不愿地放弃，还是心中坦荡荡了无遗憾——这才是重点，让他们了无遗憾。

首先就是要同伴动物放心，我们一定不离不弃，陪它们走完全程，哭丧的脸是最糟糕的毒药。它们已经那么努力地与病魔搏斗，为什么就不给它们加加油呢！

走到生命末期的动物们，最需要的依然是鼓励。

我们还能做什么，除了让它们放心，就是给它们开启智慧，告诉它们一定会圆满结束。让它们去接近大自然，大自然是最具疗效的良方。在温暖的阳光下，尽管吹的还是刺骨的寒风，我们依然可以感到无限的希望。

这时，我们可以不断地提醒它们，未来的另一个世界就如这般阳光普照，再也没有寒风刺骨，再也没有酷热难熬，只有沁人心脾的、快活的空气，一片祥和。套用一句佛家常说的话“充满法喜”，法就是智慧，那充满智慧的欢喜。

## 简单坚定的信念

当你问“我还能为它做什么？”的时候，其实只是在问，我还能为我自己做什么、做些什么样的调节。

这时，不妨唱唱莲花生大士咒，也就是开智慧并让人心生欢喜的金刚上师语：“唵阿吽班杂咕噜叭嘛悉地吽。”自己配调子，很欢喜地唱：OM AH HUM VAJRA GURU PADMA SIDDHI HUM。

当然，如果你是个读书人，只读圣贤书，不妨试着读读《波罗蜜多心经》(简称《心经》)，细细地去体会全篇的意境。

如果你是个速食主义者，也罢，就念念《心经》里最后的那个即说咒：“揭谛·揭谛·波罗揭谛·波罗僧揭谛·菩提萨波诃。”

蔡志忠这位修行漫画家对这段咒的解读是：“走在半路的同道呀！走在半途中的同道呀！走往彼岸的悟者们呀！走向彼岸！走向彼岸！哈哈哈，登上彼岸后多快乐呀！”

当我第一次听到这个咒语时，不知不觉就唱了出来，十分自然，仔细想想，原来是小时候在外婆身边时的记忆。外婆完全不识字，就因为有僧人教她这么念，她就用海陆腔的客家话，每每喂鸡、喂猪时就这么念着。她从来也不知这个咒的真义，只是觉得把它们养大然后卖掉，心有戚戚焉，希望它们将来能够投胎到好人家，不要再当家禽或家畜。

其实，点化众生，深奥的经典是使不上力的，一个简单的咒语就是一个简单而有力的信念。

我外婆相信这样念有用，就像她能养活12个小孩一般的坚定。她生于1909年，我问过她，她到底多少岁，她的回答是："我与蒋经国同年。"我母亲排行老大，最小的舅舅只比我大两岁。外婆13岁时被外曾祖父买来当童养媳，16岁与外公成婚。外婆家离我家大约50米，我没事就窝在那儿，帮外公晒药、磨药、包药，帮外曾祖母磨药，或者在她气喘发作时，帮她捶背、刮痧。外婆对我近乎溺爱，即使到现在，只要是我说的或是我想要的，她都会当圣旨一般。外婆60岁那年外公过世，而她茹素至今。因为不识字，小时候她常常要我教她念经，其实有许多字我也不认得，即便认得也不知道用客家话该怎么念。80多岁时外婆到长青学苑开始学识字，每天用小学生的格子簿一笔一笔地写，我小儿子出生时，外婆送了个红包，写了几句祝福的话，末了签名"外婆"，她以为"外婆"就是她的名字。





## 行慈悲心，一同精进

同样简单而坚定的信念，也出现在一个很有名的故事里。

传说，一位僧人走入深山，看见远方一间茅草屋顶霞光满布，僧人很惊喜，认为住的一定是哪位高僧大德，轻轻推门进去一看，原来是位失明老妪很专心地念着："嗡嘛尼贝咪牛。"

他很好心地走上前告诉她："老婆婆，您念错了，应该是嗡嘛尼贝咪吽。"老婆婆谢过之后，心头一动，改为正确的念法。

僧人离去之后，回头一看，啊！霞光不见了！赶紧再走回去跟她说：“还是念您习惯的吧，别管我教您的。”老婆婆心头稳了。果然，霞光又再度出现。

究竟，我们还能为它们做什么？你当然可以做很多，以它们的名义去做功德布施，为它们花钱做法会。

布施的功德比法会还要高强，因为法会就是请诸佛菩萨来做东，请四方上下左右的冤亲债主们都来聚餐，一面吃喝，一面做开示。只是就这么一顿盛宴，他们就开智慧了吗？不尽然。布施则是弟子们最简单的行佛，行比知还重要啊！

你能做的就是设法给自己开智慧，以你深藏在心底的慈悲心多做布施。这些布施不只是物质上的，也许只是一句简单的加油，也能让对方心生欢喜，很快活地过着每一天。

“揭谛·揭谛”仿佛是一声声的：“加油！再加油！”

不要觉得自己何德何能，德与能本来就深埋在你的心底，只是你常常忘掉罢了。你要把那个“能”找出来，再启动你的德。因为你与它曾经是共修，而今你还活着，还“能”继续精进。就像我们在写的研究成果要发表时，总会把指导老师或提供资料的人也放在作者栏上，虽然他们没有实际参与研究论述与撰写，但他们对于整体研究的成型也具有一定的贡献，所以列为共同作者。

狗猫正是我们的指导老师，或研究资料的提供者。

你有了成果，它们与有荣焉。人们长进，它们受惠，所谓“一人得道，鸡犬升天”。

# 死别之苦





苦这个玩意儿实在很难解析清楚，于是有人想到用指数来归纳，就像昏迷指数一样。大家常常可以听到昏迷指数，却不一定知道这是怎么定出来的，因为那是医学名词。同样地，谈苦指数也只是在玩统计游戏。

统计数字可以说出一些规律的大概，却不一定就是事情的真相。

痛苦的真相就是没有实相，随着不同的情绪、层次，意识的深浅，文明、礼教的约束会有不同的面向。打个比方吧，心这个大区域很难用大家熟悉的科学原理、定律与数学来表现，心的弹性很大，就像喝酒，有人爱啤酒，有人嗜红酒，有人则爱香醇的烈酒，而大多数人普遍爱喝药酒。酒只是个代名词，却也可以衍生出不同的面貌。

本书至此，我要把苦的部分做个了结，但不想涉入心理、逻辑、科技，只想谈谈因动物而衍生出来的苦，十分普通而常见。经典不一定可以解救普通人，但是以经典为基础而推衍出来的简单说法，不光深入，还可以浅出。

## 无解之苦

面对狗猫突然的、意外的死亡，我们第一个念头就是“为什么”，就好像听到亲朋好友突然死了时，脑袋里出现的第一个念头。

即使你用很高的分贝问“为什么”，同样不会有答案，只不过是替痛苦找些借口，想从这个无法言喻的痛苦中抽离，那股锥心之痛也许因为呐喊而引爆出来，但也就如此罢了，烈焰烧不了太久的，烧太久就会让人真正生病了。所以，当你问完“为什么”之后，立刻深呼吸，持续深呼吸，将自己拉回到现实。

太阳没有因为你愤愤不平的嘶吼而停止运转，当你呐喊时，其实痛苦正在消除，就像我们常常劝人家，难过就哭吧，哭出来就会好些。

下智之人，就是继续哭喊，不断地无效地哭喊。中智之人，哭完了开始想找人算账，找个出气筒，想把痛苦合理化。当然，痛苦只能稍微减弱，不会就此消失。上智之人，在遭逢横逆的瞬间，立刻将痛苦转化成一股正念、一种助力，将悲剧圆满地收拾掉，不造口业、不留遗憾，并且把这些横逆一点一滴地切碎，仔细审视起心动念的整个过程，然后放下，开始正常地呼吸，正常地吃喝拉撒睡。

我曾经开车撞伤人，那一瞬间脑袋一片空白。几天前，我骑着摩托车又与一个没打方向灯便左转的汽车擦撞。那一瞬间脑袋又是一片空白，汽车司机摇下车窗不停道歉，我则轻轻拍拍他的车说："对不起，是我自己不小心。"然后我才完全回神。那个恐怖的空白立刻消失无踪。我若无其事地回家洗澡吃夜宵，脑中的空白完全被我摧毁。退一步，果真是海阔天空！

## 思念之苦

唯有不再思念同伴动物，它们才可能过得好。

一念三千里，思念是人性的成分，当然也是狗猫心性的成分之一。

思念如果是正向的提升，那就是助力。只是我们思念的常常是我们曾经"拥有"的，那只是牵绊，拥有就是相互的牵绊。我们很容易忘了彼此的关系，忘了彼此是共修，大家都是同学，没有谁拥有谁。我们拥有的是一堆照片和美好的回忆。

"同学"之间常有良性竞争，所以你大可不必担心它们现在过得好不好。因为它们已不再是原来的它们。就像许多人用它们原来喜欢的食物与玩具来祭拜，那是一种在原地踏步的错误。它们曾经借住在动物的身上，而今已非昔日阿蒙，早已脱胎换骨喽。

还不如问问它们，在天上的学堂里可有好好念书、读经？我们的正念，它们立即感应到，会更加勤奋。

如果我们是用泪眼来思念，这一念三千里，它们在学堂上可就坐立不安了，那就是个妨碍。

与其思念它们过得好不好，倒不如看看自己过得好不好。如果你过得不好，它们也是会被扣分的。在它们的有生之年并未善尽同窗之谊，让你开智慧，恐怕会被扣掉许多分。

也许你真的过得不好，思念不曾断过。其实，前面已提过，思念只是因为习惯它们在身边，呼之则来，挥之则去，我们很习惯于本诸人类劣根性的沙文主义，认定它们应该就在身边。

天底下没有永远的应该，你必须当下顿悟。让动物们担心，会导致它们被扣分，这是非常不道德的。

## 被当成心肝宝贝的苦

同伴动物并不是你的小孩，它们也不是永远的心肝宝贝。

你应该疼惜你的同伴动物，那是天经地义。但是对于世俗里所认知的心肝宝贝，它们可是敬谢不敏，因为它们什么都不想当，只想当个称职的伴读书童。

现在社会上有股歪风，为动物打扮或是穿戴名牌，这样做会让它们更快乐吗？完全没有，反而委屈得很。狗猫是不喜被束缚的，名牌也不过就是条颈圈，抑或是一件碍手碍脚的衣服，甚至有人为它们穿鞋子！穿上鞋子，只是主人想偷懒，省得外出回家替它们擦脚。狗的脚底肉垫分开来，是为了强化抓地力，跑起来自然健步如飞。许多长毛狗，腿毛脚毛过长而盖过脚掌，在光滑的地板上容易摔跤，有时候主人们会戏谑地笑它们滑垒成功，来掩饰它们的挫败感。因此，我会要求每只长毛狗都剃光脚毛，让每个肉垫勇敢地露出来，减少因滑倒而导致韧带受伤的机会。让脚掌舒畅地露出来都来不及，居然还给它们穿上鞋，这是不人道的。再者，狗全身没汗腺，只有脚掌有少许，天热时，它靠少量的排汗以及大量的呼气来散热。许多狗所穿的鞋子的材质标榜不透水，因而下雨天也可以穿。这又是人类另一个沙文主义的幼稚，因为不透水，当然就更难排汗，这不是对它们有利，反而是虐待它们。

许多漂亮的项链或是领巾，很容易夹到狗脖子上的毛，让它们既痛又痒，不断搔痒的结果是，让主人误以为它得了皮肤病而上医院花冤枉钱。

许多人上街游行示威时爱带着爱犬同行，天凉还好，天热就惨了，除了出些风头，赢来镁光灯的闪耀，它可慌得很。小型狗本来就爱热闹，只是嘈杂喧闹的噪音与污浊的空气，实在不如待在家里吹冷气舒服。大型狗在热天易中暑，中暑容易造成严重脱水、休克，甚至是急性肾衰竭或脑缺氧，死亡率非常高。

主人掏心掏肺地替它们打扮，只不过想让自己的虚荣心得到满足，让自己的缺憾得到些许的填补。

另一股由来已久的歪风就是训练狗猫表演把戏，让它们只靠两条后腿站立，像僵尸一样地跳来跳去，赢得掌声的同时，也增加了它们提早长骨刺的概率。因为只靠后腿站立，它必须摇摇摆摆地拉动脊椎骨，四周的韧带在过度拉扯之下，久而久之就像没有弹性的橡皮筋，自然无法再好好地保护脊椎。

训练动物耍把戏之所以不人道，并不只是来自人类的道德判断，也因为日积月累之后，它们的身体容易提早发生故障。

当然，动物的优异表现与表演把戏，必须严格区分，工作犬喜欢服务人群，边境牧羊犬、黄金猎犬喜欢接球、接飞盘，缉毒犬以优越的嗅觉协助缉毒，缉私犬帮忙阻遏非法物品闯海关，还有在灾区找生还者、在火灾现场协助指挥交通的其他犬类，这些工作对它们而言，纯粹是好玩也是它们所乐于奉献的，和训练表演把戏是天壤之别的两回事。逼迫它们穿金戴银或做出高难度的表演，它们也会勉强给主人面子，只是委屈得很。

如果你当它们是心肝宝贝，它们想要说却又说不出口的是："去宝贝你自己吧！"

因为它们秉着趋吉避凶的天性，自然就会小心翼翼地宝贝好自己，不劳费心；反而是人类，很少懂得如何真正地宝贝自己，花大量的心思去贪、去虚荣、去保住颜面，而忘了古老的天赋本能，这些才是真正应该去宝贝的宝贝。

## 羁绊之苦

在重症监护室里，我们看到的是许多全靠机器支撑、没有灵魂的肉体，他们之所以苦苦支撑着，只是因为家属的不舍。

就是这种不舍，让他们无法离开"地狱"。重症监护室跟地狱没两样，口中插着气管套管，压迫了声带，口不能言语，想解脱，却又身不由己。他们已经没有做出决定的能力，苦啊！

如果心跳呼吸停止了，立刻给予心肺复苏术、给予电击，心跳呼吸也许恢复了，肋骨却不知断了几根，电击之后，更在胸部留下一圈烧焦了的肌肤。浑身插满各种管子，让那微弱的臭皮囊继续若有若无地新陈代谢着。

救急的仪器应该用在有希望的生命之上，而不应该浪费。

圣严法师就说过，如果有一天他生重病了，还可以救就救，实在不行，请不要再做无谓的浪费。

没有希望的延续，正反映了家人和主人们的无明困惑，因为他们还飘浮在无助之中。何以无助？因为害怕，没了方寸，不由自主。无法自主，却让病患继续受地狱之苦。

静下心来，盘腿坐好，想想这一切，行雷久南博士的“八八四”呼吸法：扎扎实实地吸气，一口一口，吸八口气，然后缓缓地呼八口气，同样是一口一口，清清楚楚，再来停止呼吸，默数一、二、三、四，然后同样地吸气—呼气—停止，如此持续三回，脑袋就会清朗许多。如果还是不够清朗，就继续这样直到身心安顿好了，这时指导灵自然会给你指示。

因为指导灵最怕人们慌乱，慌乱时什么话也听不进去，他们也就无法帮忙。当你平静下来，其实不必被提醒，你就知道如何走下一步。

“无谓”正是苦，苦不堪言。





## 长寿之苦

从表面上看，长寿是一件喜事，但并不全然正确。

世俗里，我们都希望父母长命百岁，因为我们所当尽的孝道似乎还不够，殊不知我们的孝顺，其实常常只是顺，而没有孝。

真正的孝顺，就是不可陷父母于不义，这个不义就是没有让父母增长福慧。只有顺而没孝的孝顺，只会让父母被扣分。因为他们生养我们，却没有传授我们智慧，有的只是他们的牵挂。他们牵挂的其实就是他们心灵中所缺少的一角。

我们得细细去体察这个缺少的一角是否真的是遗憾，因为许多遗憾都只是认知上的不足，为人子女必须将这个认知的不足予以解析，让长者释怀。

同样的，身为主人的我们，一厢情愿希望同伴动物活得长长久久，很可能就会让它们的心灵无法安息。

跑完漫长的马拉松，选手要的只是一杯水与喘息。在那恍惚的瞬间，名次完全不重要，重要的只是“饶了我吧”。

自古人类追求长寿，除了我们所知道的种种原因之外，就社会层面而言，长寿的人累积了人生经验、社会经验，本身就是个资料库，年轻人碰到问题来请教，仿佛就是来翻百科全书一般。在信息有限的时代，这些百科全书可谓是真正的珍宝。

当资源越来越少时，资源的分配运用就非常重要。

狗猫活得越久，需要主人细心的照料就越多。如果因此影响了主人的生活步调，它们还是会被扣分的——即使这天意的三分之一，它们无法掌握，被扣分也会很无奈，当然奇苦无比。

我们苦兮兮地长命百岁，不是福气，还可能是折磨，因为怎么老是毕不了业？

苹果的花老是不谢，可就没法结出甜脆可口的苹果。

在进化提升的路途中，我们得仔细透视种种的苦。当你深深体会到苦，苦就会生出甜味来。当你感到痛苦时，痛苦其实即将过去。

## 苦中必有乐的常则

既然生命是这样的“苦”，和同伴动物的联结这般错综复杂，只求“独善其身”是否比较聪明？拒绝跟它们发生任何感情交流，是不是就不用承担如上之苦楚，就不会面临轮回的负担与伤痛？

轮回与因果并不是佛教的专有名词，而是非常实际的物理化学现象，也是许多犯了知障的读书人最大的困惑。他们沉浸在书中，试图从书中找寻真义，却从来不曾放宽心地去了解实际情况。再拿前面也谈过的简单例子：水有三态，固态、液态、气态。水“因”为碰到高温，结“果”就变成了气态的水蒸气。水蒸气“因”为碰到低温，结“果”变固态的冰。水蒸气、水、冰，碰到不同的“因”，不断轮回成不同的状态，这些不同的状态，随时会随不同环境的原“因”，而有不同的结“果”。

生命的轮回与水的三态变化一样，同样自然。

生命中的苦乐为何那么自然地连在一起，因为苦中有乐，乐中有苦。苦与乐自有其因果轮回。独善其身，表面上看起来好像就与苦难隔离了，其实不然！因为苦在有良知的心灵上早已划上刻痕，怎么抹也抹不掉。不与同伴动物们交流，可能暂时不那么苦，只是真能多一点快乐吗？如果修行到一个高层次，拿得起，放得下；而或拒绝喂养，没有任何情感交流，以为就没有痛苦负担；可是，我们都很清楚，即使不理会它们，它们也不会消失无踪，苦的“因”没有消失。

这是标准的鸵鸟心态，以为转身不理，恶魔就会消失；以为独善其身，就可以无事一身轻。因果轮回是宇宙常存的智慧，就像医生常说的：“因”为你不爱惜你自己，熬夜，抽烟，喝酒，结“果”就把你的身体搞坏。





## 回到原点，不强求

我在此书一开始就说了，同伴动物是我们的共修，我们一起站上生命的舞台，在互为主角、配角的脚本里，彼此之间的互动，一定是来自不可言说的某种奇妙因缘。既然被它们挑选上了，那表示千百累世以来，我们一定曾经有过相处，也许是家人、亲戚、师徒，或者只是一面之缘，一饭之恩。

因缘既已成熟，那便是弥足珍贵的，且让它来来去去，自由又自在地运作吧！

远离痛苦，自古以来一直是人类的奢望。古代的人信息有限，所以转而向内寻求解脱。现在的信息多的令人目不暇接。我建议读者多看书，用心看些完全跳脱传统与教化制约的书，看些与科技、生活毫不相干的书，看些诺贝尔奖项以外的书，例如：宇宙学、未来学、整合学等。书中没有黄金屋，也没有颜如玉，却可以让心思完全抽离现实。看全球公认的现代蚂蚁学泰斗，人称蚂蚁先生的艾德华·威尔森（Edward O. Wilson），如何将艺术、宗教、生物学与文明融汇在一起。看看加来道雄如何探索爱因斯坦的人生，看他如何看未来100年，看他如何端倪这个宇宙。深夜里仰望星空，看看有几个星座是你认识的，看看月圆月缺、日食月食、流星雨……天地之大，人类何其渺小。那个即将消失的痛苦，在现今可知的146亿光年的宽广宇宙里，其实只是汪洋大海中偶然冒出来的一个小气泡。

期盼读者了脱生死之后，也能在往后的延伸阅读里自由自在地飞翔，找到属于自己的心灵家园。读了本书，如果你们觉得十分欣慰，请承诺：我愿布施我的善言巧智！